建筑工人岗位培训教材

混 凝 土 工

本书编审委员会　编写
钟汉华　主编

中 国 建 筑 工 业 出 版 社

图书在版编目（CIP）数据

混凝土工/《混凝土工》编审委员会编写．—北京：中国建筑工业出版社，2018.7（2024.11 重印）
建筑工人岗位培训教材
ISBN 978-7-112-22347-3

Ⅰ.①混… Ⅱ.①混… Ⅲ.①混凝土施工-技术培训-教材
Ⅳ.①TU755

中国版本图书馆 CIP 数据核字（2018）第 126692 号

本书是根据国家有关建筑工程施工职业技能标准，结合全国建设行业全面实行建设职业技能岗位培训的要求编写的。以中级工（四级）为主要培训对象，同时兼顾高级工（三级）的培训要求。全书主要分为建筑识图和房屋构造基本知识、力学与混凝土结构基本知识、混凝土材料及性能、混凝土施工机具、普通混凝土施工、混凝土施工安全控制、混凝土施工质量控制等。

本书注重突出职业技能教材的实用性，对基础知识、专业知识和相关知识需要掌握、熟悉、了解的部分都有适当的编写，尽量做到图文结合，简明扼要，通俗易懂，避免教科书式的理论阐述、公式推导和演算。是当前建筑工程施工职业技能鉴定和考核的培训教材，适合建筑工人自学使用，也可供大中专学生参考使用。

责任编辑：高延伟　李　明　赵云波
责任校对：焦　乐

建筑工人岗位培训教材
混凝土工
本书编审委员会　编写
钟汉华　主编
*
中国建筑工业出版社出版、发行（北京海淀三里河路 9 号）
各地新华书店、建筑书店经销
北京红光制版公司制版
建工社（河北）印刷有限公司印刷
*
开本：850×1168 毫米　1/32　印张：7⅛　字数：191 千字
2018 年 8 月第一版　2024 年 11月第七次印刷
定价：**22.00** 元
ISBN 978-7-112-22347-3
（32232）

出 版 说 明

国家历来高度重视产业工人队伍建设，特别是党的十八大以来，为了适应产业结构转型升级，大力弘扬劳模精神和工匠精神，根据劳动者不同就业阶段特点，不断加强职业素质培养工作。为贯彻落实国务院印发的《关于推行终身职业技能培训制度的意见》（国发〔2018〕11号），住房和城乡建设部《关于加强建筑工人职业培训工作的指导意见》（建人〔2015〕43号），住房和城乡建设部颁发的《建筑工程施工职业技能标准》、《建筑工程安装职业技能标准》、《建筑装饰装修职业技能标准》等一系列职业技能标准，以规范、促进工人职业技能培训工作。本书编审委员会以《职业技能标准》为依据，组织全国相关专家编写了《建筑工人岗位培训教材》系列教材。

依据《职业技能标准》要求，职业技能等级由高到低分为：五级、四级、三级、二级、一级，分别对应初级工、中级工、高级工、技师、高级技师。本套教材内容覆盖了五级、四级、三级（初级、中级、高级）工人应掌握的知识和技能。二级、一级（技师、高级技师）工人培训可参考使用。

本系列教材内容以够用为度，贴近工程实践，重点突出了对操作技能的训练，力求做到文字通俗易懂、图文并茂。本套教材可供建筑工人开展职业技能培训使用，也可供相关职业院校实践教学使用。

为不断提高本套教材的编写质量，我们期待广大读者在使用后提出宝贵意见和建议，以便我们不断改进。

本书编审委员会

2018年6月

前　言

为提高建筑工人职业技能水平，加快培养具有熟练操作技能的技能工人，保证建筑工程质量和安全，促进广大建筑工人就业，根据住房和城乡建设部发布的行业标准《建筑工程施工职业技能标准》JGJ/T 314—2016 和现行国家标准、规范，结合建筑工人实际情况，组织编写本教材。本书内容以中级工（四级）为主要培训对象，同时兼顾高级工（三级）的培训要求。

本书对必须掌握的基础知识进行简明的阐述，将操作技能作为编写重点，同时兼顾理论知识与操作技能相结合，在基础知识部分力求重点突出，少而精，做得到图文并茂、深入浅出、通俗易懂。在技能操作方面贯彻学以致用的原则，先介绍混凝土材料及性能，再介绍混凝土施工机具、普通混凝土施工方法和工艺，最后介绍混凝土施工安全控制和混凝土施工质量控制，使学员学习本书后，即能懂得混凝土施工的基础知识，又能掌握混凝土施工操作的基本要领和操作技能。

针对各级别的考核要求不同，学员针对本书需掌握的内容也有区别，初级工要求掌握以下内容即可：掌握第一章第一节建筑识图，了解第二节建筑构造；了解第二章第一节建筑力学的基本知识和第二节混凝土结构基本知识；了解第三章第一节混凝土组成材料，掌握第二节混凝土的主要性质，了解第三节混凝土的配合比；掌握第四章第一节混凝土搅拌机、了解第二节混凝土搅拌车、第三节混凝土泵和混凝土泵车、掌握第四节混凝土振捣机械；了解第五章第一节混凝土的搅拌、第二节混凝土的运输、掌握第三节混凝土的浇筑和振捣；了解第六章混凝土施工安全控制；了解第七章第一节混凝土工程质量控制与检查。中级工和高级工要求掌握全部知识。具体各级别的考核内容可参考《建筑工程施工职业技能标准》。

本书对于从事基础设施建设和房屋建筑工程的混凝土工和技术人员等，都具有很好的指导意义和较大的帮助，不仅有助于提高混凝土工操作技能水平和职业安全水平，更对保证建筑工程质量，促进建筑工程施工新技术、新工艺、新材料的推广与应用有很好的推动作用。

本书由湖北水利水电职业技术学院钟汉华、湖北浩川水利水电工程有限公司梁晓军、田健、王雄、湖北盛达泰水利水电工程有限公司李君玉、五峰吉鑫水利水电有限责任公司李小兵、湖北瑞达欣建筑工程有限公司韩芳、湖北山江伟业建设工程有限公司陈峥雄、柯雪萍、陈晓洁等编写，全书由钟汉华统稿主编、李君玉、梁晓军、田健任副主编，湖北上智职业培训学校张晓琳主审。在编写过程中参考了职业技能培训同类教材、国家职业技能鉴定标准和相关混凝土工程施工手册等资料。得到了湖北省城乡建设发展中心的大力支持和湖北省建设教育协会的热诚帮助。在此，一并向相关编著者、有关部门领导和同行专家表示衷心感谢！由于编者知识水平所限，书中疏漏和欠妥之处，敬请专家和广大读者批评指正。

目　录

一、建筑识图和房屋构造基本知识

（一）建 筑 识 图

1. 投影的基本概念与类型

（1）投影的概念

在制图中，把光源称为投影中心，光线称为投射线，光线的射向称为投射方向，落影的平面（如地面、墙面等）称为投影面，影子的轮廓称为投影，用投影表示物体的形状和大小的方法称为投影法，用投影法画出的物体图形称为投影图。

（2）投影的类别

投影分中心投影和平行投影两大类。由一点放射的投射线所产生的投影称为中心投影。由相互平行的投射线所产生的投影称为平行投影，平行投影又可分为斜投影和正投影。平行投射线倾斜于投影面的称为斜投影；平行投射线垂直于投影面的称为正投影。用正投影法绘制出的图形称为正投影图，如图 1-1 所示。

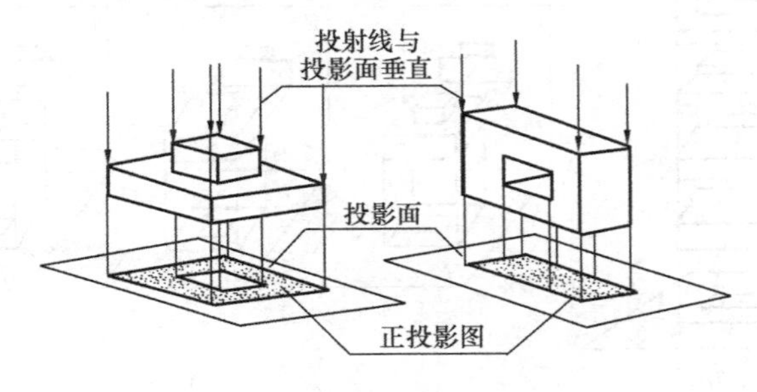

图 1-1　正投影图

（3）工程中常用的四种图示法

1）透视投影图。按中心投影法画出的透视投影图，只需一个投影面。

2）轴测投影图。轴测投影图也称立体图，平行投影的一种，画图时只需一个投影面。

3）正投影图。采用相互垂直的两个或两个以上的投影面，按正投影方法在每个投影面上分别获得同一物体的正投影，然后按规则展开在一个平面上，便得到物体的多面正投影图。

4）标高投影图。标高投影是一种带有数字标记的单面正投影。在建筑工程上，常用它来表示地面的形状与起伏，作图时，用一组等距离的水平面切割地面，其交线为等高线。将不同高程的等高线投影在水平的投影面上，并注出各等高线的高程，即为等高线图，也称标高投影图。

2. 三面正投影图

（1）三面正投影图的建立

物体在一个投影面上的投影称为单面视图，物体在两个互相垂直的投影面上的投影称为两面视图。上述两种视图都不能确定出空间物体的唯一准确形状：如图 1-2（*a*）中空间四个不同形状的物体，它们在同一个投影面上的正投影却是相同的；图 1-2（*b*）中增加一个投影面仍不能从投影图中区别出四棱柱、三棱柱

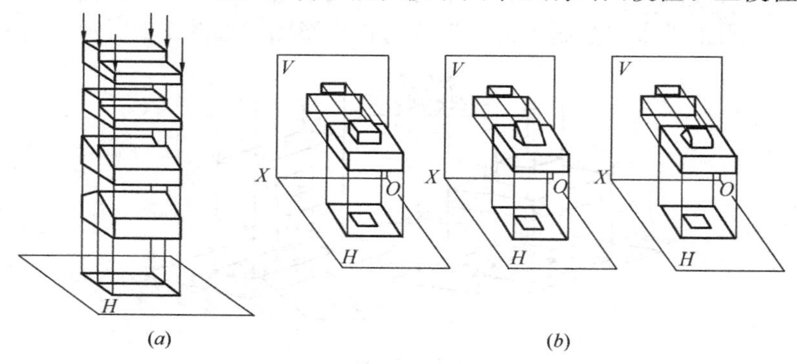

图 1-2　单面、两面投影的不确定性

（*a*）单面投影；（*b*）两面投影

和半圆柱。

为准确表达物体形状，通常采用三个相互垂直的平面作为投影面，构成三投影面体系，如图1-3所示。水平位置的平面称作水平投影面，用 H 表示；与水平投影面垂直相交呈正立位置的平面称为正立投影面，用 V 表示；位于右侧与 H、V 面均垂直相交的平面称为侧立投影面，用 W 表示。

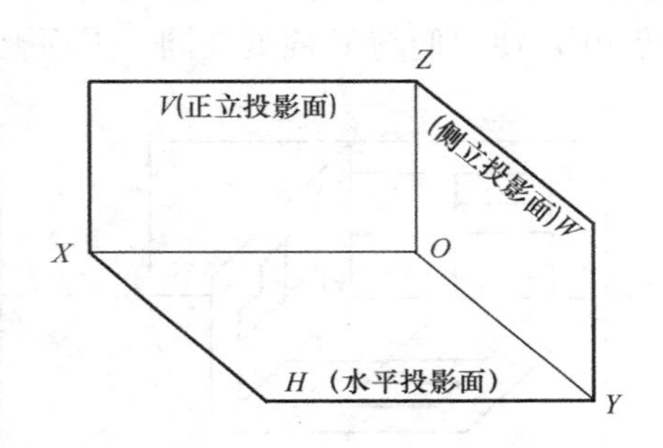

图 1-3 三投影面的建立

三投影面相互垂直相交，交线称作投影轴，水平投影面与正立投影面的交线用 OX 轴表示；水平投影面与侧立投影面的交线用 OY 轴表示；正立投影面与侧立投影面的交线用 OZ 轴表示。

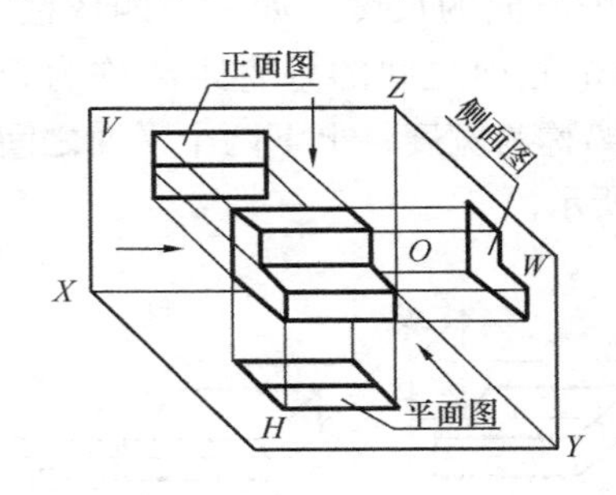

图 1-4 投影图的形成

（2）三面正投影的形成

将物体置于 H 面之上，V 面之前，W 面之左的空间，如图 1-4 所示，按箭头所指的投影方向分别向三个投影面作正投影。

由上往下在 H 面上得到的投影称为水平投影图（简称平面图）；

由前往后在 V 面上得到的投影称作正立投影图（简称正面图）；

由左往右在 W 面上得到的投影称作侧立投影图（简称侧面图）。

（3）三面正投影图的展开

为了把空间三个投影面上所得到的投影画在一个平面上，需将三个相互垂直的投影面展开摊平成为一个平面。方法是：将 V

面保持不动，H 面绕 OX 轴向下翻转 90°，W 面绕 OZ 轴向右翻转 90°，使它们与 V 面处在同一平面上，如图 1-5 所示。

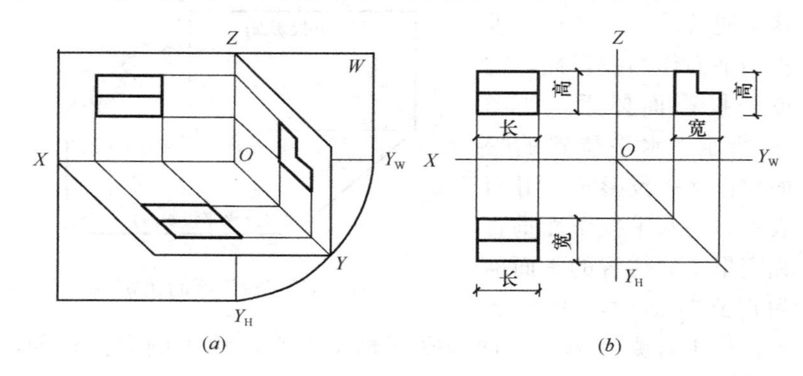

图 1-5　三面投影体系的展开

（a）展开；（b）投影图

（4）三面正投影图的投影规律

空间形体都有长、宽、高三个方向的尺度。如一个四棱柱，当它的正面确定之后，其左右两个侧面之间的垂直距离称为长度；前后两个侧面之间的垂直距离称为宽度；上下两个平面之间的垂直距离称为高度，如图 1-6 所示。

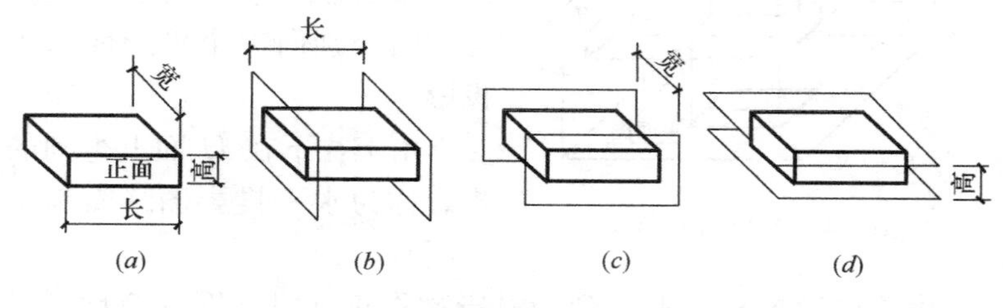

图 1-6　形体的长、宽、高

三面正投影图具有下述投影规律：

1）投影对应规律

投影对应规律是指各投影图之间在量度方向上的相互对应，如图 1-7（a）所示：

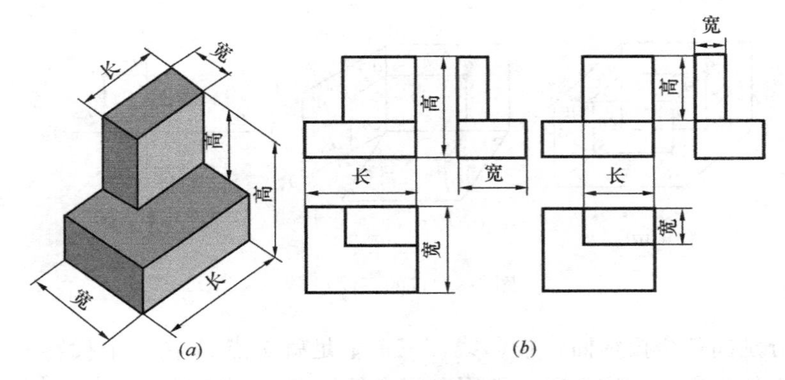

图 1-7　投影图规律

(*a*) 投影对应规律；(*b*) 方位对应规律

正面投影、水平投影——长对正（等长）；

正面投影、侧面投影——高平齐（等高）；

水平投影、侧面投影——宽相等（等宽）。

2）方位对应规律

方位对应规律是指各投影图之间在方向位置上相互对应。在三面投影图中，每个投影图各反映如图 1-7（*b*）所示四个方位的情况：

平面图反映物体的左右和前后；

正面图反映物体的左右和上下；

侧面图反映物体的前后和上下。

3. 建筑形体基本元素的投影

任何形体都可视为由点、线、面组成。要正确地绘制和识读建筑形体投影图，必须先掌握组成建筑形体基本元素的投影特性和作图方法。

（1）点的投影

点是形体的最基本的几何元素。点的投影规律是线、面、体的投影的基础。

如图 1-8 所示，将空间点 A 置于三投影面体系中，自 A 点

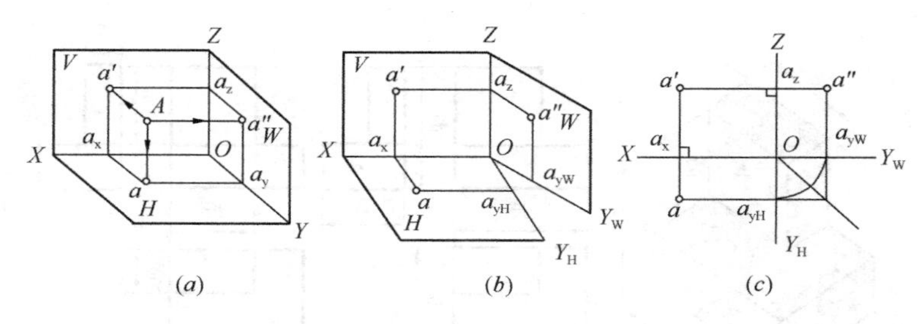

图 1-8　点的三面投影

分别向三个投影面作投影线，三个垂足就是点 A 在三个投影面上的投影，标注方法分别用空间点的同名小写字母 a、a'、a''表示。a 表示点 A 的 H 面投影，a'表示点 A 的 V 面投影，a''表示点 A 的 W 面投影。

用细实线将点的相邻投影连起来，如 aa'、aa''称为投影连线。

水平投影 a 与侧面投影 a''不能直接相连，作图时常以图 1-8（c）所示的借助斜角线或圆弧来实现这个联系。

（2）直线的投影

在画法几何中，直线通常用线段表示，在不强调线段的长度时，常把线段称为直线。由几何学知道，直线由直线上任意两个点的位置确定，因此，直线的投影也可以由直线上两点的投影确定。求直线的投影，只要作出直线上两个点的投影，再将同一投影面上的两点的投影连起来，即是直线的投影。

（3）平面的投影

平面是广阔无边的，它在空间的位置可用下列的几何元素来确定和表示：

1）不在一直线上的三个点，如图 1-9（a）中的 A、B、C。

2）直线和直线外一点，如图 1-9（b）中点 B 和直线 AC。

3）相交两直线，如图 1-9（c）中 AB 和 AC。

4）平行两直线，如图 1-9（d）中 AC 和 BD。

5）平面图形，如图 1-9（e）中$\triangle ABC$。

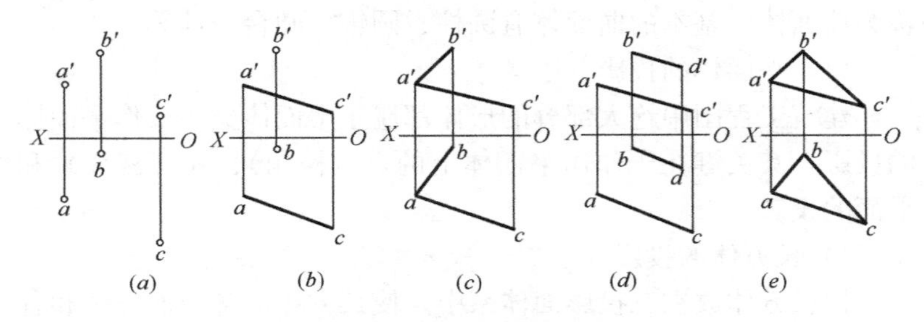

图 1-9　平面的表示法

4. 建筑形体的投影

对于各式各样的建筑物、构筑物及其配件，虽然形状各异，但是只要细加分析就可看出，它们都是由一些基本形体（简单几何体）所组成。如图 1-10（*a*）所示的水塔，它可看成由球、圆柱、圆锥台等所组成；图 1-10（*b*）所示的房屋是由棱柱、棱锥等组成。所以，识读建筑形体的投影图之前，应先掌握基本形体投影图的读法。

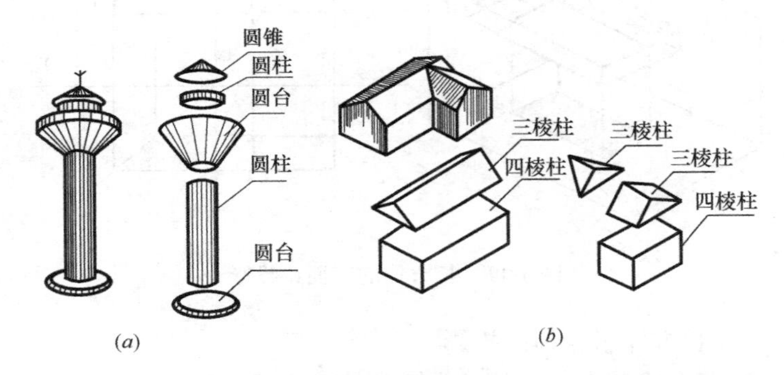

图 1-10　建筑形体分析

（*a*）水塔；（*b*）房屋

基本形体按其表面的几何性质，可分为平面体和曲面体两类。表面由平面组成的几何体称为平面体。基本的平面体有：正方体、长方体（统称为长方体），棱柱（四棱柱除外）、棱锥、棱台（统称为斜面体）等。表面由曲面或由平面和曲面围成的形体称为曲面体。基本的曲面体有圆柱、圆锥、圆台、球等。

（1）平面体的投影

建筑工程图中绝大部分的形体都属于平面体类型。作平面体的投影，其关键在于作出平面体上的点（棱角）、线（棱线）和平面的投影。

1）长方体的投影

把长方体放在三投影面体系中，使长方体的各个面分别和各投影面平行或垂直，如使长方体的前、后面与 V 面平行；左、右面与 W 面平行；上、下面与 H 面平行。凡平行于一个投影面的平面，必定在该投影面上反映出其实际形状和大小，而对另外两个投影面是垂直关系，它们的投影都积聚成一条直线。这样所得到的长方体的三面正投影，就反映了长方体的三个方向的实际形状和大小如图 1-11 所示。

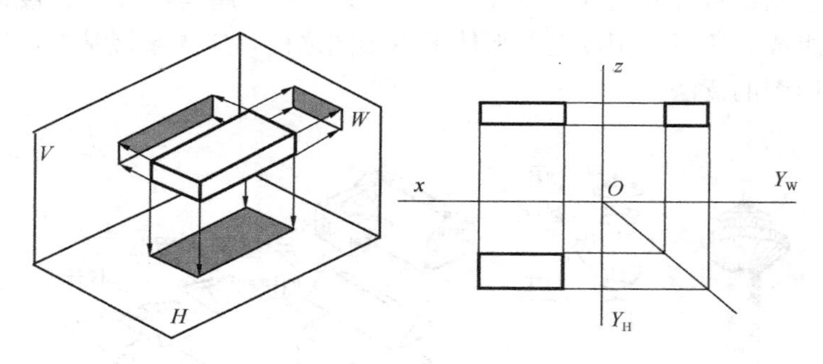

图 1-11　长方体的三面正投影

2）长方体组合体的投影

由两个或两个以上的基本几何体所组成的形体，可统称为组合体。建筑工程中经常遇到的形体多数是长方体的组合体，且其构成方式一般为几个简单几何体的叠加。

画长方体组合体的三面正投影图时，首先要分析两个问题：

①分析形体上各个面和投影面的关系。

②把形状比较复杂的形体（整体）分解成若干个简单的几何体（局部），然后分析局部与整体、局部与局部之间的相互关系。画图时，只要把各个简单几何体的正投影图按它们相互间的位置连接起来，就能得到组合体的正投影图，如图 1-12 所示。

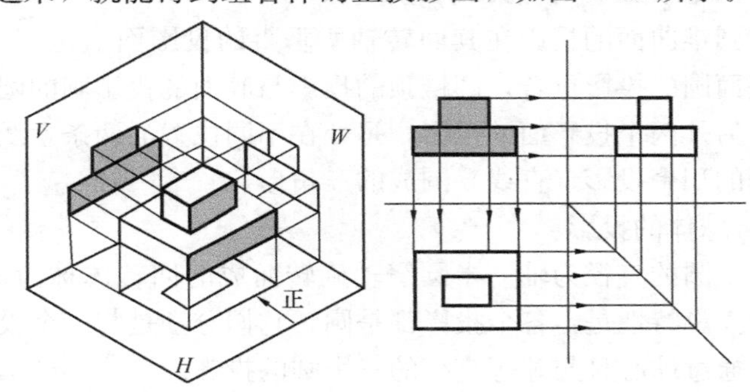

图 1-12　组合体的正投影图

（2）基本曲面体的投影

建筑工程中的圆柱、圆锥形顶面、壳体屋盖、隧道的拱顶及常见的设备管道等都是曲面体。基本曲面体有圆柱、圆锥、圆台和球体等。

1）圆柱体

以矩形的一条边为轴，其余的边绕轴旋转而成的回转体称为圆柱体。圆柱体的投影特性如下：

①两个底面的投影

在其所平行的投影面上的投影是两个重合的反映实形的一个圆，而在另外两个投影面上的投影则积聚成一直线。

②圆柱面的投影

轴线垂直于投影面时圆柱面的投影积聚成一个圆，该圆与底面在该投影面上的投影圆重合，而在另外两个投影面上的投影是处在不同位置的两条素线的投影与两底面积聚投影的直线围成的矩形线框。

2）圆锥体的投影

以直角三角形的一条直角边为轴，其余边绕轴旋转而成的回转体称为圆锥体。圆锥体的投影特性如下：

①底面的投影在其所平行的投影面上反映实形，是一个圆；在另外两个投影上则积聚成一直线。

②圆锥曲面的投影在其回转轴所垂直的投影面上是一个圆，它与底面圆的投影重合，圆锥顶的投影与底面的投影圆的圆心重合；在另外两个投影面的投影，是处在不同位置的两条素线与圆锥底面的积聚投影（直线）围成的三角形。

3）球体的投影

以半圆的直径为轴，半圆绕轴旋转而成的回转体称为球体。球体的投影特性是：各个投影都是圆，它们分别是与三个投影面平行并通过球心且与球等直径的三个圆的投影。

如将球面沿水平方向切成许多圆（即纬圆），球面上任意一点必在与其高度相同的某一纬圆上，因此只要求出过该点的纬圆的投影，即可求得球面上该点的投影。

（3）组合体投影图的尺寸标注

1）组合体尺寸的组成

定形尺寸：用于确定组合体中各基本体自身大小的尺寸。

定位尺寸：用于确定组合体中各基本形体之间相互位置的尺寸。

总体尺寸：确定组合体总长、总宽、总高的外包尺寸。

2）组合体尺寸的标注原则

①组合体尺寸标注前需进行形体分析，弄清反映在投影图上的有哪些基本形体，然后注意这些基本形体的尺寸标注要求，做到简洁合理。

②基本形体之间的定位尺寸要先选好定位基准，再行标注，做到心中有数不遗漏。

③由于组合体形状变化多，定形、定位和总体尺寸有时可以相互兼代。

④组合体各项尺寸一般只标注一次。

5. 剖面图与断面图

（1）剖面图

由于形体的形状不同，对形体作剖面图时所剖切的位置和作图方法也不同，通常所采用的剖面图有全剖面图、半剖面图、阶梯剖面图、局部剖面图（分层剖面图）和展开剖面图五种。

1）全剖面图

不对称的建筑形体，或虽然对称但外形比较简单，或在另一个投影中已将它的外形表达清楚时，可假想用一个剖切平面将形体全部剖开，然后画出形体的剖面图，该剖面图称为全剖面图。

2）半剖面图

如果被剖切的形体是对称的，画图时常把投影图的一半画成剖面图，另一半画形体的外形图，这个组合而成的投影图叫半剖面图。

3）阶梯剖面图

用两个或两个以上的平行的剖切面剖切形体，所得剖面图，称为阶梯剖面图。阶梯剖面图用在一个剖切面不能将形体需要表示的内部全部剖切到的形体上。

4）展开剖面图

用两个或两个以上相交剖切平面将形体剖切开，所画出的剖面图，称为展开剖面图。

5）局部剖面图和分层剖面图

当仅仅需要表达形体的某局部内部构造时，可以只将该局部剖切开，只作该部分的剖面图，称为局部剖面图。

（2）断面图

根据断面图布置位置的不同，可分为移出断面、重合断面和中断断面图三种。

1）移出断面图

将形体某一部分剖切后所形成的断面图移画于主投影图的一侧，称为移出断面图。移出断面的轮廓线用粗实线绘制，断面上要画材料图例。

2）重合断面

将断面图直接画于投影图中，二者重合在一起的称为重合断面图。重合断面图的比例应与原投影图一致。断面轮廓线可能是闭合的，也可能是不闭合的，此时应于断面轮廓线的内侧加画图例符号。

3）中断断面

画在投影图的中断处的断面图，称为中断断面图。这种断面不必标注剖切位置线及编号。

6. 房屋建筑施工图识读

（1）房屋施工图的分类

1）建筑施工图（简称建施）

建筑施工图由建筑师设计完成，主要表达建筑物的外部形状、内部布置、装饰构造、施工要求等。这类基本图有：建筑设计总说明、建筑总平面图、平面图、立面图、剖面图以及墙身、楼梯、门、窗详图等。

2）结构施工图（简称结施）

结构施工图由结构工程师设计完成，主要表达承重结构的构件类型、布置情况以及构造做法等。这类基本图有：结构设计说明、基础平面图、基础详图、楼层及屋盖结构平面图、楼梯结构图和各构件的结构详图等（梁、柱、板）。

结构施工图是房屋施工时开挖地基，制作构件，绑扎钢筋，设置预埋件，安装梁、板、柱等构件的主要依据，也是编制工程预算和施工组织计划等的主要依据。

3）设备施工图（简称设施）

设备施工图由设备工程师设计完成，主要表达房屋各专用管线和设备布置及构造等情况。这类基本图有：给水排水、采暖通风、电气照明等设备的平面布置图、系统图和施工详图。

（2）房屋施工图识读方法和步骤

在识读整套图纸时，应按照“总体了解、顺序识读、前后对照、重点细读”的读图方法。

1）总体了解

一般是先看目录、总平面图和设计总说明，以大致了解工程的概况，如工程设计单位、建设单位、新建房屋的位置、周围环境、施工技术要求等。对照目录检查图纸是否齐全，采用了哪些标准图集并准备齐全这些标准图集。然后看建筑平面图、立面图和剖面图，大体上想象一下建筑物的立体形象及内部布置。

2）顺序识读

在总体了解建筑物的情况以后，根据施工的先后顺序，从基础、墙体（或柱）、结构平面布置、建筑构造及装修的顺序，仔细阅读有关图纸。

3）前后对照

读图时，要注意平面图、剖面图对照着读，建筑施工图和结构施工图对照着读，土建施工图与设备施工图对照着读，做到对整个工程施工情况及技术要求心中有数。

4）重点细读

根据工种的不同，将有关专业施工图再有重点地仔细读一遍，并将遇到的问题记录下来，及时向设计部门反映。

识读一张图纸时，应按由外向里、由大到小、由粗至细、图样与说明交替、有关图纸对照看的方法，重点看轴线及各种尺寸关系。

要想熟练地识读施工图，除了要掌握投影原理、熟悉国家制图标准外，还必须掌握各专业施工图的用途、图示内容和方法。此外，还要经常深入到施工现场，对照图纸，观察实物，这也是提高识图能力的一个重要方法。

（3）建筑施工图

1）施工图首页

施工图首页一般包括图纸封面、目录、建筑设计总说明、工程做法表、门窗表等。

2）总平面图

将新建工程四周一定范围的新建、拟建、原有和拆除的建筑物、构筑物连同其周围的地形、地物状况用水平投影方法和相应图例所画出的图样，即为总平面图。

总平面图的识读方法与步骤：

①看图名、比例及有关文字说明

总平面图因包括的地方范围较大，所以绘制时都用较小比例，如1∶500、1∶1000、1∶2000等。总平面图上的尺寸，是以米为单位。图中所用图例符号较多，有时还会有经济技术指标等文字说明内容。

②了解新建工程的性质与总体布置，了解各建筑物及构筑物的位置、道路、场地和绿化等布置情况以及各建筑物的层数等。

③明确新建工程或扩建工程的具体位置，新建工程或扩建工程通常根据原有房屋或道路来定位，并以米为单位标出定位尺寸。当新建成片的建筑物和构筑物或较大的建筑物时，往往用坐标来确定每一建筑物及道路转折点等的位置。当地形起伏较大的地区，还应画出地形等高线。

④看新建房屋底层室内地面和室外整平地面的绝对标高，可知室内、外地面的高差，及正负零与绝对标高的关系。总平面图中标高数字以米为单位，一般注至小数点后两位。

⑤看总平面图中的指北针或风向频率玫瑰图，可明确新建房屋、构筑物的朝向和该地区的常年风向频率，有时也可只画单独的指北针。

⑥需要时，在总平面图上还画有给水、排水、采暖、电气等管网布置图。这种图一般是与给排水、采暖、电气的施工图配合使用。

3）建筑平面图

建筑平面图的识读方法与步骤：

①看图名、比例，了解该图是哪一层平面图，绘图比例是多少。

②看底层平面图上画的指北针，了解房屋的朝向。

③看房屋平面外形和内部墙的分隔情况，了解房屋平面形状

和房间分布、用途、数量及相互间的联系，如入口、走廊、楼梯和房间的位置等。

④在底层平面图上看室外台阶、花池、散水坡（或明沟）及雨水管的大小和位置。

⑤看图中定位轴线的编号及其间距尺寸。从中了解各承重墙（或柱）的位置及房间大小，以便于施工时定位放线和查阅图纸。

⑥看平面图的各部尺寸，平面图中的尺寸分为外部尺寸和内部尺寸。从各道尺寸的标注，可知各房间的开间、进深、门窗及室内设备的大小位置。

⑦看地面标高。在平面图上清楚地标注地面标高。楼地面标高是表明各层楼地面对标高零点（即正负零）的相对高度。一般平面图分别标注下列标高：室内地面标高、室外地面标高、室外台阶标高、卫生间地面标高、楼梯平台标高等。

⑧看门窗的分布及编号。了解门窗的位置、类型及其数量。

⑨在底层平面图上看剖面的剖切符号，了解剖切部位和编号，以便与有关剖面图对照阅读。

⑩查看平面图中的索引符号，当某些构造细部或构件需另画比较大的详图或引用有关标准图时，则须标注出索引符号，以便与有关详图符号对照查阅。

4）屋顶平面图

屋顶平面图就是屋顶外形的水平投影图。在屋顶平面图中，一般表明：屋顶形状、屋顶水箱、屋面排水方向（用箭头表示）及坡度、天沟或檐口的位置、女儿墙和屋脊线、烟囱、通风道、屋面检查孔、雨水管及避雷针的位置等。

5）建筑立面图

建筑立面图的识读方法与步骤：

①看图名和比例。了解是房屋哪一立面的投影，绘图比例是多少，以便与平面图对照阅读。

②看房屋立面的外形，以及门窗、屋檐、台阶、阳台、烟囱、雨水管等形状及位置。

③看立面图中的标高尺寸。通常立面图中注有室外地坪、出入口地面、勒脚、窗口、大门口及檐口等处标高。

④看房屋外墙表面装修的做法和分格形式等。通常用引出线和文字来说明粉刷材料的类型、配合比和颜色等。

⑤查看图上的索引符号。有时在图上用索引符号表明局部剖面的位置。

6）建筑剖面图

建筑剖面图的识读方法与步骤：

①看图名、轴线编号和绘图比例，并与底层平面图对照，确定剖切平面的位置及投影方向，从中了解它所画出的是房屋的哪一部分的投影。

②看房屋内部构造和结构形式，如各层梁板、楼梯、屋面的结构形式、位置及其与墙（柱）的相互关系。

③看房屋各部分的高度，如房屋总高、室外地坪、门窗顶、窗台、檐口等处标高，室内底层地面、各层楼面及楼梯平台面标高等。

④看楼地面、屋面的构造：通常用引出线说明楼地面、屋顶的构造做法，如果另画详图或已有说明，则在剖面图中用索引符号引出说明。

7. 房屋结构施工图识读

建筑施工图表达了房屋的外部造型、内部布置、建筑构造和内外装修等内容，而房屋的结构形式、承重构件的布置（如基础、梁、板、柱、楼梯及其他构件）与结构构造等需要结构施工图来表达。结构施工图主要用来作为施工放线、开挖基槽、支模板、绑扎钢筋、设置预埋件、浇捣混凝土和安装梁、板、柱等构件及编制施工图预算和施工组织计划等的依据。结构施工图必须与建筑施工图相互配合，以确保房屋能安全可靠的工作。

（1）基础施工图

基础是位于墙或柱下面的承重构件，它承受建筑的全部荷载，并传递给基础下面的地基。根据上部结构的形式和地基承载能力的不同，基础可做成条形基础、独立基础、联合基础等。基础图是表示房屋地面以下基础部分的平面布置和详细构造的图样。基础施工图通常包括基础平面图和基础详图两部分。下面分别以常见的条形基础、独立基础和桩基础为例，介绍基础施工图的内容及阅读方法。

1）条形基础图

条形基础是指基础长度远大于其宽度的一种基础形式，常用于多层砌体结构住宅楼、办公楼等的基础。

基础平面图的内容及阅读方法：

①看图名、比例和轴线。基础平面图的绘图比例、轴线编号及轴线间的尺寸必须同建筑平面图一样。

②看基础的平面布置，即基础墙、柱以及基础底面的形状、大小及其与轴线的关系。

③看基础梁的位置和代号。主要了解基础哪些部位有梁，根据代号可以统计梁的种类、数量和查阅梁的详图。

④看地沟与孔洞。由于给水排水的要求，常常设置地沟或地面以下的基础墙上预留孔洞。在基础平面图中用虚线表示地沟或孔洞的位置，并注明大小及洞底的标高。

⑤看基础平面图中剖切符号及其编号。在不同的位置，基础的形状、尺寸、埋置深度及与轴线的相对位置不同，需要分别画出它们的断面图（基础详图）。

基础详图的内容及阅读方法：

①看图名、比例。基础详图的图名常用 1—1、2—2……断面或用基础代号表示。基础详图比例常用 1∶10、1∶20 等。读图时先用基础详图的名字（1—1、2—2 等），去对应基础平面图的位置。了解是哪一条基础上的断面图。

②看基础断面形状、大小、材料及配筋。断面图中除配筋部分，要画上材料图例表示。

③看基础断面图的各部分详细尺寸和室内外地面、基础底面的标高。基础断面图中的详细尺寸包括基础底部的宽度及轴线的

关系，基础的深度及大放脚的尺寸。

2）独立基础图

独立基础图也是由基础平面图和基础详图两部分组成。

独立基础平面图不但要表示出基础平面形状，而且要标明各独立基础的相对位置。对不同类型的单独基础要分别编号。

钢筋混凝土独立基础详图一般应画出平面图和剖面图，用以表达每一基础的形状、尺寸和配筋情况。

3）桩基础图

桩基础施工图由桩位平面图和桩配筋详图两部分组成。

（2）楼层结构平面布置图

楼层结构平面布置图阅读方法：

1）看图名、轴线、比例；

2）看预制楼板的平面布置及其标注；

3）看现浇楼板的布置；

现浇楼板在结构平面图中表示方法有两种。一种是直接在现浇板的位置处绘出配筋图，并进行钢筋标注；另一种是在现浇板范围内画一对角线，并注写板的编号，该板配筋另有详图。

4）看楼板与墙体（或梁）的构造关系。

（二）建 筑 构 造

1. 民用建筑的构造组成

民用建筑是供人们居住、生活和从事各类公共活动的建筑。房屋建筑是由若干个大小不等的室内空间组合而成的，而空间的形成又需要各种各样实体来组合，这些实体称为建筑构配件。一般民用建筑由基础、墙或柱、楼地层、楼梯、屋顶、门窗等构配件组成，由于各部分所处位置不同，分别起着支撑、传递建筑物各种荷载和围护的作用（图 1-13）。

（1）基础

基础是建筑物最下部的承重构件，其作用是承受建筑物的全

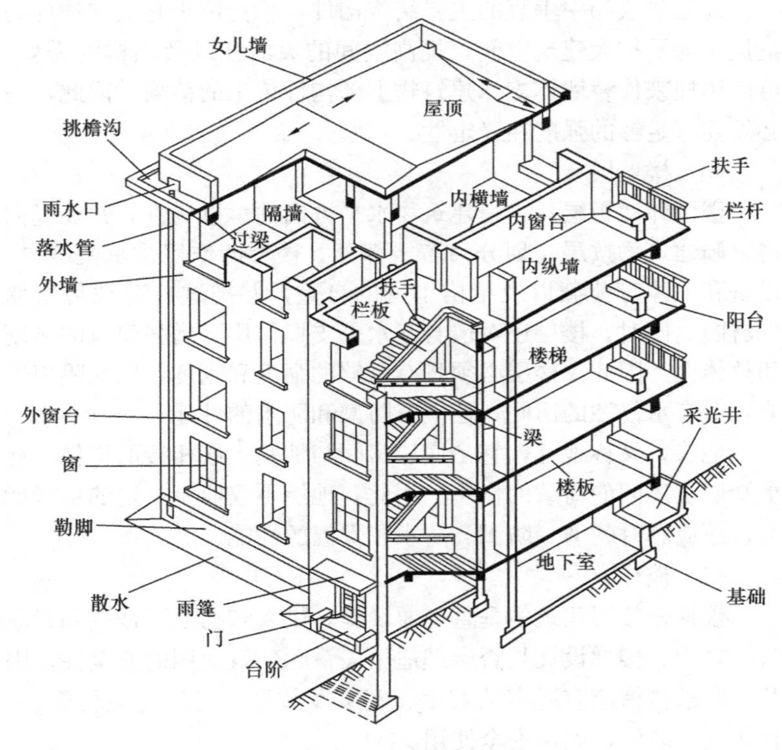

图 1-13　民用建筑的组成

部荷载，并把这些荷载传给地基。因此，基础必须具有足够的强度和稳定性，并能抵御地下各种有害因素（如地下水、冰冻）的影响。

（2）墙或柱

墙或柱是建筑物的承重构件和围护构件。作为承重构件的外墙，其作用是承重并抵御自然界各种因素对室内的侵袭；内墙则起着分隔空间的作用。在框架或排架结构中柱起承重作用，墙仅起围护作用。因此，对墙体的要求根据其功能的不同，应具有足够的强度和稳定性，以及保温、隔热、隔声、环保、防火、防水、耐久、经济等性能。

柱是建筑物中垂直的主要结构构件，承托位于它上方物件的重量。为了扩大建筑空间，提高空间的灵活性以及结构的需要，可以用柱来代替墙体支撑建筑物上部构件传来的荷载。因此，柱必须要有足够的强度和稳定性。

（3）楼地层

楼层即楼板层，它是建筑物水平方向的承重构件，并在竖向将整幢建筑物按层高划分为若干部分。楼层的作用是承受家具、设备和人体等荷载以及结构本身的自重，并把这些荷载传给墙（或柱）。同时，楼层还对墙身起水平支撑作用，增强建筑的刚度和整体性。因此，楼层必须具有足够的强度和刚度，以及隔声性能，对有水侵蚀的房间，还应有防潮和防水的性能。

地层，又称地坪，它是底层房间与地基土层相接的构件，起承受底层房间的荷载的作用。因此，地层不仅应有一定的承载能力，还应具有耐磨、防潮、防水和保温的性能。

（4）楼梯

楼梯是楼房建筑的垂直交通设施，供人和物上下楼层和紧急疏散之用。楼梯设计是否合理适用关系到建筑使用的安全性，因此，要求楼梯应有适宜的坡度、宽度及数量，足够的通行能力，且防火、防滑，确保安全使用。

（5）屋顶

屋顶是建筑物顶部的承重和围护构件。作为承重构件，它承受着建筑物顶部的各种荷载，并将荷载传给墙或柱；作为围护构件，它抵御着自然界中雨、雪、太阳辐射等对建筑物顶层房间的影响。因此，屋顶应具有足够的强度和刚度，并要有防水、保温、隔热等性能。

（6）门窗

门的主要作用是供人们进出和搬运家具、设备，紧急时疏散用，有时兼起采光、通风作用。窗的作用主要是采光、通风和供人眺望。门要求有足够的宽度和高度，窗应有足够的面积；根据门窗所处的位置不同，有时还要求它们能防风沙、防水、保温、隔声。

建筑物除上述基本组成部分外，还有一些其他的配件和设施，如：阳台、雨篷、烟道、通风道、散水、勒脚等，以保证建筑物可以充分发挥功能。

2. 基础与地下室

（1）基础

1）条形基础

当建筑物上部结构采用墙承重时，基础沿墙身设置，多做成长条形，这类基础称为条形基础或带形基础，是墙承式建筑基础的基本形式。条形基础一般用于墙下，也可用于柱下。当建筑采用柱承重结构，在荷载较大且地基较软弱时，为了提高建筑物的整体性，防止出现不均匀沉降，可将柱上基础沿一个方向连续设置成条形基础。

2）独立基础

当建筑物上部采用柱承重，且柱距较大时，将柱下扩大形成独立基础。独立基础的形状有阶形、坡形和杯形等。

3）井格基础

当地基条件较差或上部荷载较大时，为了提高建筑物的整体性，防止柱子之间产生不均匀沉降，常将柱下基础沿纵横两个方面扩展连接起来，做成十字交叉的井格基础。

4）片筏基础

当建筑物上部荷载大，而地基又较弱，这时采用简单的条形基础或井格基础已不能适应地基变形的需要，通常将墙或柱下基础连成一片，使建筑物的荷载承受在一块整板上成为片筏基础。片筏基础可以用于墙下和柱下，有平板式和梁板式两种。

5）箱形基础

当建筑物荷载很大，或浅层地质情况较差，为了提高建筑物的整体刚度和稳定性，基础必须深埋，这时，常用钢筋混凝土顶板、底板、外墙和一定数量的内墙组成刚度很大的盒状基础，称为箱形基础。

6）桩基础

桩基础由桩身和承台组成，桩身伸入土中，承受上部荷载；承台用来连接上部结构和桩身。桩基础类型很多，按照桩身受力特点，分为端承桩和摩擦桩。上部荷载如果主要依靠下面坚硬土层对桩端的支承来承受时，这种桩基础称为端承桩；上部荷载如果主要依靠桩身与周围土层的摩擦阻力来承受时，这种桩基础称为摩擦桩。桩基础按材料不同，有木桩、钢筋混凝土桩和钢桩等；按断面形式不同，有圆形桩、方形桩、环形桩、六角桩和工字形桩等；按桩入土方法的不同，有打入桩、振入桩、压入桩和灌注桩等。

（2）地下室

地下室一般由墙体、底板、顶板、门窗、楼梯、采光井等部分组成。

（3）墙体

按墙体所处的位置，墙体可分为内墙和外墙两种。外墙是指建筑物四周与外界交接的墙体；内墙是指建筑物内部的墙体。

按墙体布置方向，墙体可分为纵墙和横墙。纵墙是指与房屋长轴方向一致的墙；横墙是指与房屋短轴方向一致的墙。外纵墙通常称为檐墙；外横墙通常称为山墙。

按受力情况，墙体可分为承重墙和非承重墙。

按墙体的构成材料，墙体可分为砖墙、石墙、砌块墙、混凝土墙、钢筋混凝土墙、轻质板材墙等。

1）砖墙

砖墙的组砌方式，简称砌式，是指砖在砌体中的排列方式。为保证砖墙牢固，砖的排列方式应遵循内外搭接、上下错缝的原则，错缝距离一般不小于60mm。错缝和搭接能够保证墙体不出现连续的垂直通缝，以提高墙的强度和稳定性。

2）框架结构的墙体

框架结构是由柱子，纵向梁、横向梁、楼板等构成的骨架体系。框架是承重结构，墙体是围护结构。

框架结构空心砖内隔墙厚 120～180mm，墙高控制在 3.6m 以内。在门窗洞口两侧及窗台处用实心砖镶砌，其宽度为 240～370mm，以便预埋固定件固定门窗樘口。

（4）楼板

1）现浇钢筋混凝土楼板

现浇钢筋混凝土楼板可分为板式楼板、肋梁楼板、无梁楼板、钢衬板组合楼板。

①板式楼板。板式楼板是直接支承在墙上，厚度相同的平板。

②肋梁楼板。肋梁楼板适用于开间、进深尺寸大的房间，如果仍然采用板式楼板，必然要加大板的厚度，增加板内配筋致使自重加大，不经济，在此情况下可在适当位置设置肋梁，故称为肋梁楼板。

③无梁楼板。无梁楼板是将板直接支承在柱和墙上而不设梁的楼板。

④钢衬板组合楼板。钢衬板组合楼板是利用压型钢衬板，分单层或双层支承在钢梁上，然后在其上现浇钢筋混凝土而形成的整体式楼板结构。

2）预制钢筋混凝土楼板

①实心平板。预制实心平板跨度一般较小不超过 2.4m，预应力实心平板可达到 2.7m，板厚为跨度的 1/30，一般为 60～100mm，宽度为 600mm 或 900mm。

②槽形板。在实心平板的两侧或四周设边肋而形成的槽形板，属于梁、板组合构件。

③空心板。空心板是把板的内部做成孔洞，与实心平板相比，在不增加钢筋和混凝土用量的前提下，可提高构件的承载能力和刚度、减轻自重、节省材料。

（5）地坪层

地坪层是建筑物底层与土壤相接的构件，和楼板层一样，它承受着底层地面上的荷载，并将荷载均匀地传给地基。地坪层由面层、结构层、垫层和素土夯实层构成。根据需要还可以设各种附加构造层，如找平层、结合层、防潮层、保温层、管道敷设层等。

（6）地面

地面按其材料和做法可分为四大类型，即整体地面、块料地面、塑料地面和木地面。

整体地面包括水泥砂浆地面、水泥石屑地面、水磨石地面等现浇地面。塑料地面包括一切以有机物质为主所制成的地面覆盖材料。如以一定厚度平面状的块材或卷材形式的油地毡、橡胶地毯、涂料地面和涂布无缝地面。木地面按其板材规格常采用条木地面和拼花木地面。

（7）顶棚

顶棚类型分直接顶棚和吊顶两类。

直接顶棚包括一般楼板板底、屋面板板底直接喷刷、抹灰、贴面。

在较大空间和装饰要求较高的房间中，因建筑声学、保温隔热、清洁卫生、管道敷设、室内美观等特殊要求，常用顶棚把屋架、梁板等结构构件及设备遮盖起来，形成一个完整的表面。由于顶棚是采用悬吊方式支承于屋顶结构层或楼板层的梁板之下，所以称之为吊顶。

（8）阳台及雨篷

阳台按使用要求不同可分为生活阳台和服务阳台。根据阳台与建筑物外墙的关系，可分为挑（凸）阳台、凹阳台（凹廊）和半挑半凹阳台。按阳台在外墙上所处的位置不同，有中间阳台和转角阳台之分。当阳台的长度占有两个或两个以上开间时，称为外廊。阳台由承重结构（梁、板）和栏杆组成。

雨篷设在房屋出入口的上方，为了雨天人们在出入口处作短暂停留时不被雨淋，并起到保护门和丰富建筑立面的作用。根据雨篷板的支承不同有采用门洞过梁悬挑板的方式，也有采用墙或柱支承的。

（9）屋顶

常见的屋面类型有平屋顶、坡屋顶和曲面屋顶三种类型。

3. 工业建筑构造

工业建筑是为满足工业生产需要而建造的各种不同用途的建筑物和构筑物的总称，包括进行各种工业生产活动的生产用房（工业厂房）及必需的辅助用房。它是根据生产工艺流程和机械设备布置的要求而设计的，通常把按生产工艺进行生产的单位称生产车间。一个工厂除了有若干个生产车间外，还有辅助用房，如办公室、锅炉房、仓库、生活用房等建筑，此外还有附属设施的构筑物，如烟囱、水塔、冷却塔、水池等。

按厂房的层数，工业厂房分单层工业厂房、多层工业厂房、层数混合的工业厂房等。

单层工业厂房的结构支承方式基本上可分为承重墙结构与骨架结构两类。仅当厂房的跨度、高度、吊车荷载较小及地震烈度较低时才用承重墙结构；当厂房的跨度、高度、吊车荷载较大及地震烈度较高时，广泛采用骨架承重结构。骨架结构由柱子、梁、屋架等组成，以承受各种荷载，这时，墙体在厂房中只起围护或分隔作用。

（1）墙体承重结构

墙体承重结构采用外墙砖墙、砖柱承重、屋架采用钢筋混凝土屋架或木屋架、钢木屋架的结构形式。这种结构的构造简单、造价低、施工方便、但承载力低，只适用于无吊车荷载或吊车荷载小于 5t 的厂房及辅助性建筑，其跨度一般应控制在 15m 以内。

（2）排架结构

排架结构由横向排架和纵向排架两个方向的骨架体系组成。从厂房横剖面来看，由柱、基础和屋架（或屋面梁）构成横向排架，其基本特点是把屋架视作刚度很大的横梁。屋架（或屋面梁）与柱的连接为铰接，柱与基础的连接为刚接。从厂房的纵向列柱来看，由柱、基础、基础梁、吊车梁、连系梁（墙梁或圈梁）、柱间支撑、屋盖支撑及屋面板等构成纵向排架结构保证了横向排架的稳定性，从而形成厂房的整个骨架结构体系。排架结构的优点是整体刚度好和稳定性强。

排架结构可由一种或几种材料组成，按用料不同分为如下常见几种类型：

1）装配式钢筋混凝土结构

这类排架结构采用的是钢筋混凝土或预应力混凝土构件（标准构配件），它的适用范围很广，跨度可达30m以上，高度可达20m以上，吊车起重量可达150t。同时也适用于特殊要求（有侵蚀性介质和空气潮湿度较高）的厂房。

2）钢屋架与钢筋混凝土柱组成的结构

其适用跨度30m以上，吊车起重量可达150t以上的厂房。

（3）刚架结构

前述排架结构中，柱与横梁为铰接。刚架与排架的不同之处在于柱与横梁为刚性连接。

1）装配式钢筋混凝土门式刚架

这种结构上将屋架（屋面梁）与柱子合并成一个构件。柱子与屋架（屋面梁）连接处为一整体刚性节点，柱子与基础的连接为铰接，结构截面根据其受力情况进行设计选定。

2）钢结构刚架

它的主要构件（屋架、柱、吊车梁）都用钢材制作。屋架与柱做成刚接，以提高厂房的横向刚度。这种结构承载力大，抗震性能好，但耗钢量大，耐火性能差。适用于跨度较大，空间较高、吊车起重量大的重型和有振动荷载的厂房，如炼钢厂、水压机车间等。

（4）单层工业厂房内部起重运输设备

为了满足生产工艺布置的需要，满足生产过程中原材料、半成品、成品的装卸、搬运以及进行设备的检修等，在厂房内部需设置适当的起重运输设备。厂房内部的起重运输设备主要有三类：一是地面运输设备，如板车、电瓶车、汽车、火车等；二是垂直运输设备，如安装在厂房上部空间的各种类型的起重吊车；三是辅助运输设备，如各种输送管道、传送带等。在这些起重设备中以各种形式的吊车对厂房的布置、结构选型等影响最大。常见的起重吊车设备主要有单轨悬挂式吊车、梁式吊车、桥式吊车和悬臂式吊车等类型。

二、力学与混凝土结构基本知识

（一）建筑力学的基本知识

1. 力的基本概念

（1）力的概念

力是物体间相互的机械作用。这种机械作用有两种：一种是相互接触，这种力称为接触力，如人推车时的推力、悬吊物体的绳索对物体的拉力、地面对地面上滑动物体的摩擦力等；另一种是“场”，这种力称为场力，如地球对物体的引力、电场对带电物体的作用力等。

力对物体的作用效果分为两种：一种是改变物体的运动状态，称为运动效应；另一种是使物体产生变形，称为变形效应。

（2）力的三要素

实践证明，力对物体的作用效应大小取决于三个要素：力的大小、力的方向和力的作用点，即三要素相同的两个力对物体的作用效应是相同的，反之两个力的三要素中只要有一个要素不同，这两个力对物体的作用效应一般不同。我们用一个带有箭头的线段来表示力，如图 2-1 所示。线段的长度表示力的大小，单位为牛顿（N）或千牛顿（kN）；箭头表示力的方向，如图中的夹角 α；线段的起点或端点表示力的作用点，如图 2-1 中的 A 点或 B 点。

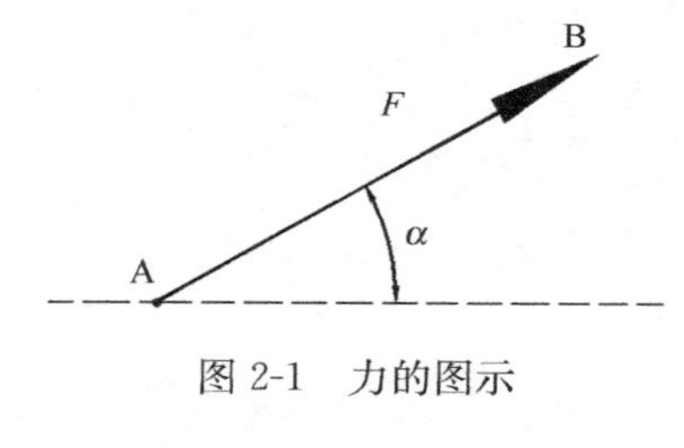

图 2-1　力的图示

2. 静力学公理

人们在长期的生活和生产中总结了一些关于力的符合客

观实际的普遍规律，称为静力学基本公理。

公理1　力的平行四边形法则

作用在物体上同一点的的两个力，可以合成为一个合力，该合力可以用以这两个力为邻边构成的平行四边形的对角线表示，即对角线的起点为合力的作用点、对角线所在的方向为合力的方向、对角线的长度表示合力的大小，这一公理称为力的平行四边形的法则，也成为力的合成，如图 2-2 所示。

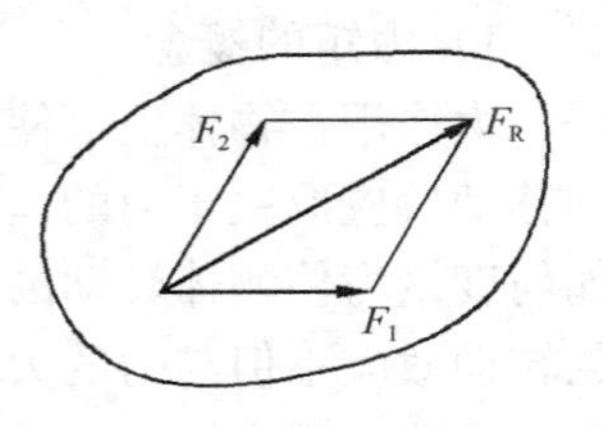

图 2-2　力的平行四边形

用公式表示：

$$F_R = F_1 + F_2 \qquad (2\text{-}1)$$

上式为矢量运算，并非简单相加减，F_R 称为力 F_1、F_2 的合力，F_1、F_2 称为 F_R 的两个分力。

公理2　二力平衡公理

作用在同一刚体上的两个力，使刚体平衡的充要条件是这两个力必须大小相等、方向相反且作用在同一直线上。

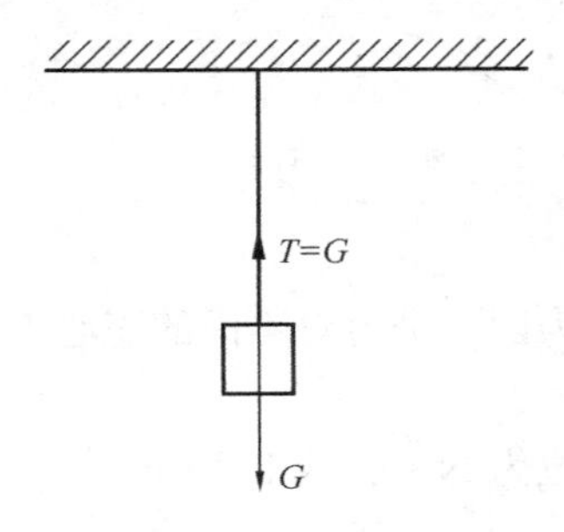

图 2-3　二力平衡公理应用

该公理总结了两个力使刚体平衡必须满足的条件，如天花板上用绳索悬吊一重物，重物重力为 G，则可以根据二力平衡公理计算出绳索对重物的拉力大小也为 G，与重力作用在一条直线上，方向与重力相反，即竖直向上，如图 2-3 所示。

公理3　加减平衡力系公理

在刚体上增加或减少任意的平衡力系，不改变刚体的原有状态。

该公理表明，平衡力系对刚体的作用效应为零，或者两个力系彼此只相差几个平衡力系，则它们对刚体的作用效应完全相同。

公理4　作用力与反作用力公理

两物体间的作用力与反作用力总是同时存在，两个力的大小相等、方向相反、沿着同一条直线，分别作用在两个物体上。

3. 力矩和力偶

（1）力矩

1）力矩的概念

力作用在物体上可使物体移动，也可使物体转动，力对物体的移动效应取决于力的大小和方向，可以用力的投影来度量，那如何度量力使物体转动的效应呢？从实践中可以发现，力对物体的转动效应不但与力的大小方向有关，还与力到转动中心的距离有关，我们用力矩来度量力使物体转动效应的大小，力矩由如下公式计算：

$$M_O(F) = \pm F \cdot d \tag{2-2}$$

其中：O 点即为转动中心，称为矩心；

正负号规定如下：力使物体逆时针转动（或趋势）取正，顺时针取负；

d 是转动中心到力 F 的作用线的垂直距离，称为力臂，如图 2-4 所示。

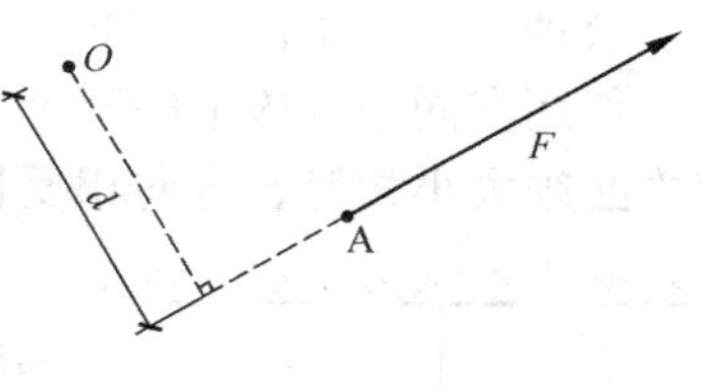

图 2-4　力矩

力矩有如下性质：

①计算力矩时必须指明矩心，因为同一个力对不同的矩心力矩是不同的。

②力矩是标量，没有方向，其单位为 N · m 或 kN · m。

③力沿作用线平移，力矩不变。

④当力的作用线通过矩心时，力矩恒为零。

2）合力矩定理

合力对平面内任一点的力矩等于其各分力对同一点力矩的代数和，用公式表示为：

$$M_O(F_R) = M_O(F_1) + M_O(F_2) + \cdots + M_O(F_n) = \sum M_O(F_i) \tag{2-3}$$

(2) 力偶

同一平面内，两个大小相等方向相反且作用下相互平行的两个力 F 和 F' 称为一个力偶，用（F，F'）表示。

力偶在现实生活中比较常见，如我们用两个手指开水龙头时，两个手指对水龙头施加的力就是一个力偶，还有用钥匙开锁时两个手指的作用力也是一个力偶等。

力偶是一个不能再简化的基本力系。它对物体的作用效果是使物体产生单纯的转动，而不会使物体移动。力偶对物体的转动效应与组成力偶的力之大小和力偶臂的长短有关，力学上把力偶中一力的大小与力偶臂（二力作用线间垂直距离）的乘积 F_d 并加上适当的正负号，称为此力偶的力偶矩，用以度量力偶在其作用面内对物体的转动效应，记作 m（F，F'），或简写成 m，用公式表示为：

$$m = \pm F \cdot d \tag{2-4}$$

其中：正负号的规定为逆时针转向取正，顺时针取负，这点与力矩的正负号规定相同。

力偶有如下基本性质：

①力偶对物体的转动效应由力偶矩来度量，且力偶矩是标量，没有方向，因此力偶的合成可以力偶矩直接相加减，无需矢量运算，即：

合力偶矩

$$m = m_1 + m_2 + \cdots + m_n = \sum m_i \tag{2-5}$$

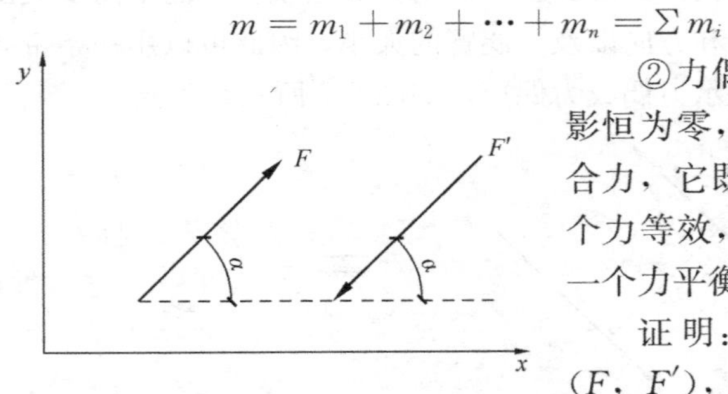

图 2-5　力偶的投影

②力偶对任意轴的投影恒为零，因此力偶没有合力，它既不能与任何一个力等效，也不能与任何一个力平衡。

证明：任取一力偶（F，F'），作用下与 x 轴夹角为 α，如图 2-5 所示。

则该力偶对 x 轴的投影为：

$$F\cos\alpha + (-F'\cos\alpha) = 0$$

同样，对 y 轴的投影为：

$$F\sin\alpha + (-F'\sin\alpha) = 0$$

两个投影均为零。

③力偶对其平面内任一点的转动效应均相同，都等于其力偶矩。

证明：任取一力偶（F，F'），其力偶臂为 d，在其平面内任取一点，如A点，过A点向 F 和 F' 的作用线作垂线，设A点到 F 作用下的距离为 x，则A点到 F' 作用线的距离为 $x+d$，如图 2-6 所示，则 F 和 F' 对A点的力矩分别为：

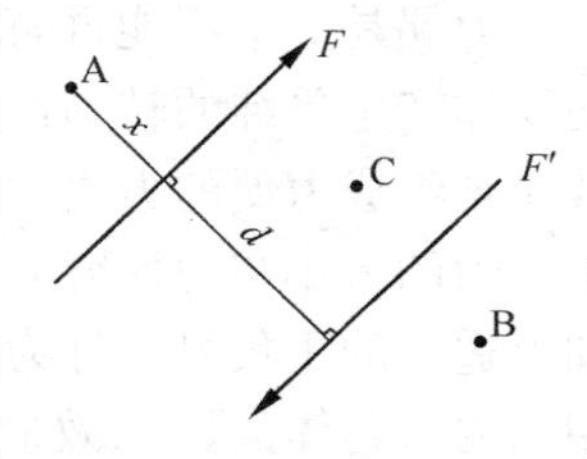

图 2-6　力偶的矩

$$M_O(F) = Fx、M_O(F') = -F'(x+d)$$

两者相加：$M_O(F) + M_O(F') = -Fd = m(F,F')$

大家可自行证明对B点和C点是否也存在相同的关系。

上式表明：力偶对平面内任一点的转动效应与矩心无关，转动效应恒等于力偶矩本身，而与力偶中力的大小无关，也与力偶臂无关。

由于力偶具有上述几个性质，在实际应用中，可以把力偶的表示方法进行简化，只要突出力偶的力偶矩就行，而不需要突出力偶中力的大小和方向以及力偶臂的大小，因此可以用一条带有箭头的弧线来表示力偶或力偶矩，如图 2-7 所示。

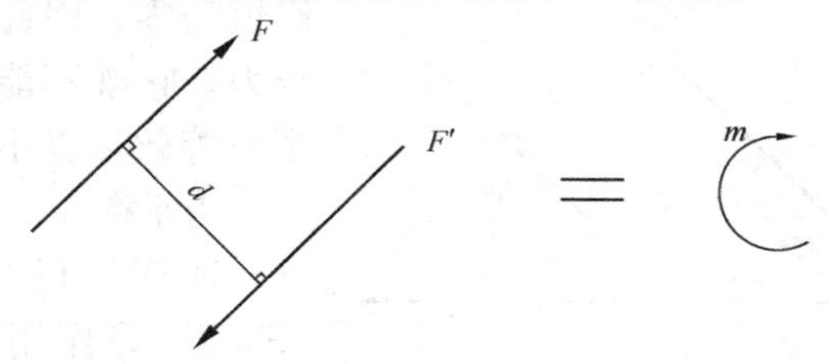

图 2-7　力偶的表示方法

4. 约束和约束反力

在工程实际中，任何物体都受到与其接触的其他物体的限制而不能自由运动，如房屋中，楼板支承在梁上受到梁的限制而不致掉落，梁又支承在柱或墙上受到柱或墙的限制而不致掉落。我们将能限制其他物体运动的物体称为约束，约束对被其限制的物体的作用力称为约束反力（即：阻碍物体运动的力），如梁对楼板的支承力，绳索对物体的拉力等。与此对应，我们将使物体运动或具有运动趋势的力称为荷载。

既然约束总是限制物体的运动，因此约束反力总是和被其限制物体的运动或运动趋势的方向相反，根据这一特点我们可以确定各种约束的约束反力的方向。工程中的约束种类很多，我们根据约束的特点可以将工程中的约束分为：柔体约束、光滑接触面约束、铰及铰支座、链杆约束、固定端支座五大类。

（1）柔体约束

由绳索、链条、皮带等柔软物体形成的约束称为柔体约束。如图 2-8 所示，悬吊重物 P 的绳索、连接主动轮和从动轮的皮带等都属于柔体约束，这类约束的特点是：约束反力的方向总是沿着柔体中心线的方向，表现为拉力。这类约束反力通常用 F_T 来表示。

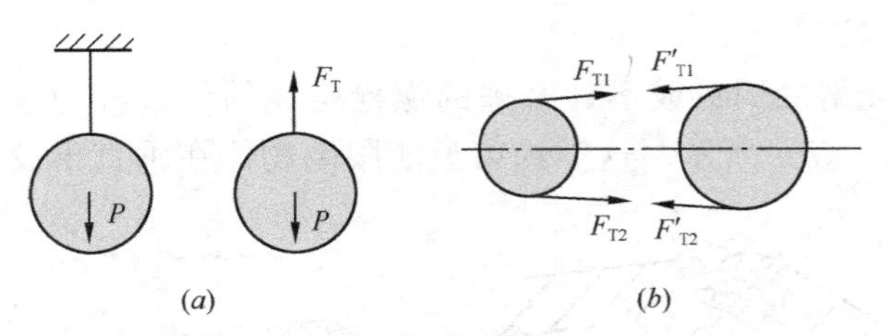

图 2-8 柔体约束

（*a*）悬吊重物 P 的绳索约束；（*b*）连接主动轮和从动轮的皮带约束

（2）光滑接触面约束

两物体接触在一起，若接触处的摩擦力忽略不计，即接触处完全光滑，则由这类光滑面形成的约束称为光滑接触面约束。如图 2-9（a）所示，物体 P 放置在光滑的地面上，地面形成的约束就属于光滑接触面约束，如图 2-9（b）所示，两球放置在 U 形槽内，若不计摩擦，则两球与 U 形槽的接触点 A、B、C 以及两球之间的接触点 D 点也均属于光滑接触面约束。这类约束的特点是约束反力的方向总是垂直于接触面公切线方向或沿着接触面公法线方向，表现为支持力。这类约束反力通常用 F_N 来表示。

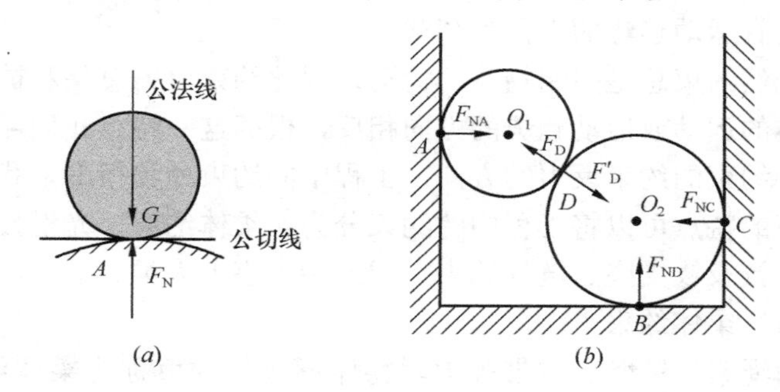

图 2-9　光滑接触面约束

（a）物体 P 放置在光滑的地面上，地面形成的约束；（b）两球放置在 U 形槽内两球与 U 形槽的接触点以及两球之间的接触

（3）铰及铰支座

1）铰

由光滑的销钉或不计摩擦的螺栓构成的约束称为铰，如图 2-10（a）（b）所示。这类约束只能限制物体在垂直于铰所在的

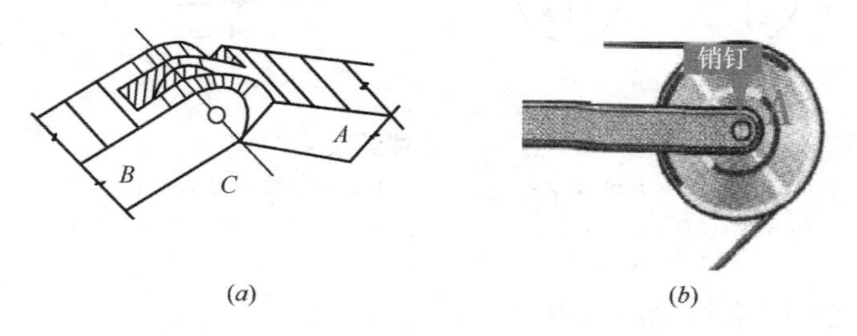

图 2-10　铰

平面内沿任意方向的相对移动，而不能限制物体绕铰作相对转动。因此，这类约束的约束反力的方向虽然通过销钉中心，但方向不能确定。在表示这类约束反力的时候，通常将该约束反力用两个相互垂直的分力来表示，如图 2-11 所示，两分力的指向可以任意假设，是否为实际指向则要根据计算的结果来判断。

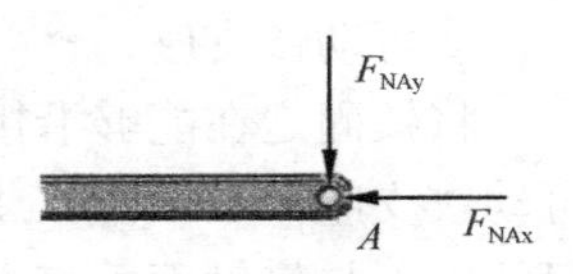

图 2-11　铰的约束反力
(*a*) 光滑的销钉构成的约束铰；(*b*) 不计摩擦的螺栓构成的约束铰

工程中，铰约束比较常见，如图 2-12 所示的桁架结构，两杆之间的连接约束都属于铰。

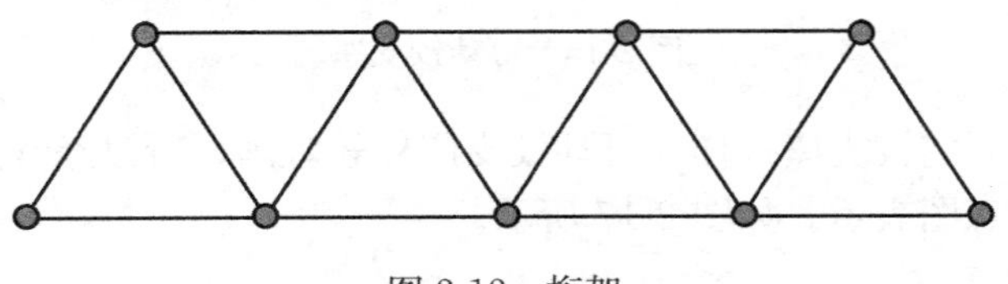

图 2-12　桁架

2) 铰支座

铰形成的支座有两大类，一类称为固定铰支座，另一类称为可动铰支座。

①固定铰支座

将铰固定在地面或其他不动的物体上形成的约束称为固定铰支座。如图 2-13 所示。其约束反力的特点和表示方法都和铰是一样的。实际中由于固定铰支座比较难画，所以经常用它简化的示意图表示。如图 2-14 所示。

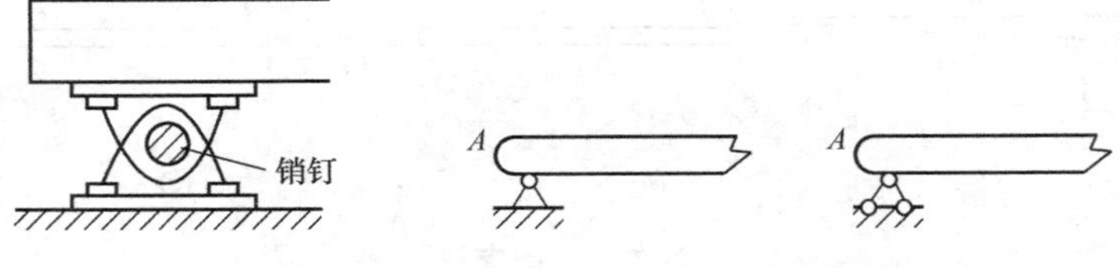

图 2-13　固定铰支座　　　　图 2-14　固定铰支座的简图

②可动铰支座

将铰固定在能够沿接触面平行移动的物体上形成的约束称为可动铰支座，如图 2-15 所示。这类约束与固定铰支座不同，它只能限制与接触面垂直方向上的运动，而不能限制沿着接触面方向上的运动，因此它的约束反力的方向是可以确定的，即：垂直接触面的方向或沿着接触面的法线方向，如图 2-16 所示。

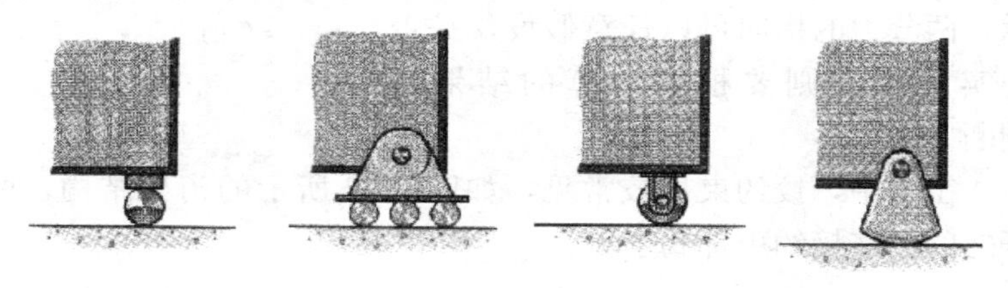

图 2-15　可动铰支座

同固定铰支座一样，可动铰支座比较难画，所以经常用它简化的示意图表示。如图 2-17 所示。

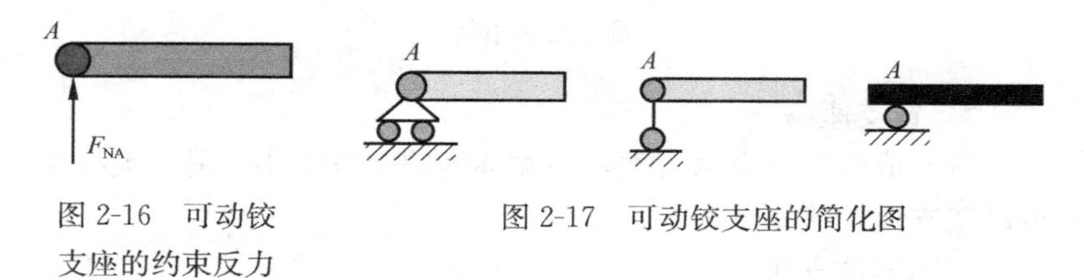

图 2-16　可动铰支座的约束反力

图 2-17　可动铰支座的简化图

3）固定端支座

将构件伸入不动的墙壁或地面等物体上，构成的约束称为固定端支座，如图 2-18（*a*）所示的雨篷梁伸入墙壁内，墙壁形成

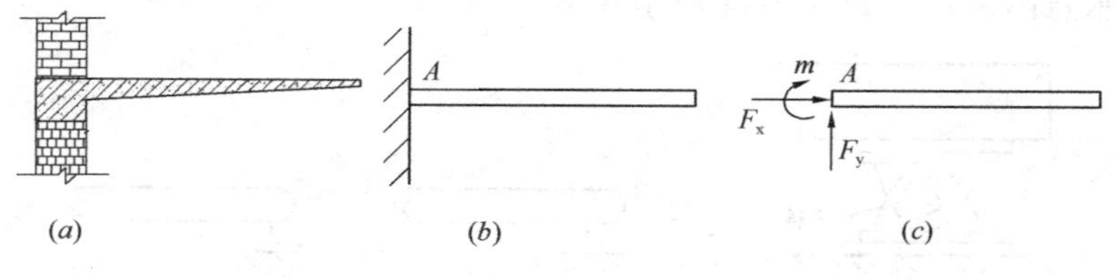

图 2-18　雨篷梁

的约束就属于固定端支座。这类约束的特点是既能限制物体沿切向移动和法线移动，又能限制物体在平面内的转动，其约束反力的方向难以确定，为表示方便，通常用一个限制切向移动的约束反力 F_x、一个限制竖向移动的约束反力 F_y 和一个限制转动的约束反力偶 m 共三个力来表示固定端支座的约束反力，如图 2-18（b）所示，而对于固定端支座本身通常也用其简图来表示，如图 2-18（c）所示。

5. 物体的受力图

物体都会受到力的作用，这些力包括荷载和约束反力，构件的强度、刚度和稳定性既和荷载有关，同时也和约束反力有关，因此在进行力学分析之前有必要将物体受到的所有力都画出来，这个过程就称为绘制物体的受力图。

绘制物体的受力图一般按下述三个步骤进行：

（1）取隔离体。我们所研究的物体总和其他联系在一起，因此首先得明确要研究的对象；

（2）在隔离体上画上荷载，物体所受的荷载一般都是已知的，如重力等；

（3）根据约束的类型画出相应的约束反力，约束反力一般都是未知的，其方向和表示方法取决于约束的类型，因此应先判断约束属于上述常见约束中的哪一种，再根据各类约束的特点画出约束反力。

（二）混凝土结构基本知识

1. 钢筋混凝土荷载

结构上的作用分为直接作用和间接作用，荷载是直接作用，即作用在结构上的集中力和分布力（如构件自重、人、风、雪等），其影响比间接作用（如温度变化、混凝土收缩等）更重要，结构设计与之密切相关，必须先掌握其特点和计算方法。

按照荷载随时间的变异性，荷载可分为：

（1）永久荷载。是指在结构使用期间，荷载值（包括荷载大小、方向和作用位置）不随时间变化或变化幅度可以忽略不计的荷载，如自重、固定设备的重力、土压力等，有时也称为恒载。

（2）可变荷载。是指在结构使用期间，荷载值（包括荷载大小、方向和作用位置）随时间会发生变化且变化幅度不可以忽略不计的荷载，如楼面人群的压力、外部的风荷载、雪荷载、工业厂房的吊车荷载等，有时也称为活载。

（3）偶然荷载。是指在结构使用期间，出现的概率很小，但一旦出现其量值很大且持续时间很短的荷载，如地震荷载、撞击荷载等。

2. 钢筋混凝土构造

（1）受弯构件的一般构造要求

受弯构件是指承受弯矩和剪力为主的构件。民用建筑中的楼盖和屋盖梁、板以及楼梯、门窗过梁以及工业厂房中屋面大梁、吊车梁、连系梁均为受弯构件。

1）梁的一般构造要求

①梁的截面形式

工业与民用建筑结构中梁的截面形式，常见的有矩形、T形、倒L形、工字形、十字形等，如图 2-19 所示。

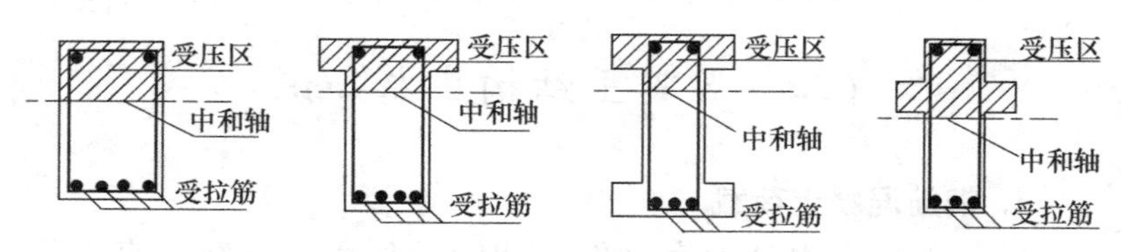

图 2-19　梁的截面形状

②梁的截面尺寸

梁的截面高度 h 与跨度及荷载大小有关。梁的截面宽度 b，一般根据梁的截面高度确定。高宽比 h/b：矩形截面一般为 2～

3，T 形截面为 2.5～4，T 形截面腹板宽度为 b。

③梁的配筋

梁中通常配有纵向受拉钢筋、弯起钢筋、箍筋和架立钢筋等，如图 2-20 所示。

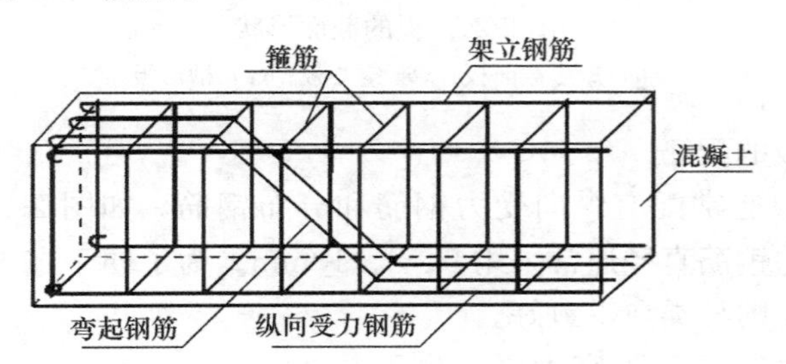

图 2-20 钢筋混凝土梁钢筋配置

底部纵向受力钢筋不宜少于两根，直径常采用 10～28mm。当梁高 $h \geqslant 300$mm，纵筋直径不小于 10mm；当梁高 $h<300$mm，纵筋直径不小于 8mm。若需要用两种不同直径钢筋，其直径相差至少 2mm，以便于在施工中能用肉眼识别。

当梁顶面无纵向受力钢筋时，应设置架立钢筋，用以固定箍筋的正确位置，并承受梁因收缩和温度变化所产生的内应力。架立钢筋直径与梁的跨度有关。当梁的跨度小于 4m 时，架立钢筋的直径不宜小于 8mm；当梁的跨度为 4～6m 时，架立钢筋的直径不宜小于 10mm；当梁的跨度大于 6m，不宜小于 12mm。

混凝土保护层厚度 c 是指外层钢筋外皮至构件最近边缘的距离。为保证钢筋和混凝土的粘结，并满足耐久性和防火要求，混凝土保护层最小厚度应符合规范要求。

2）板的一般构造要求

①板的截面形式

建筑中常见板的截面形式如图 2-21 所示，有矩形截面板、空心板、槽型板等。

②板的厚度

板的厚度应满足承载力、刚度和抗裂的要求。

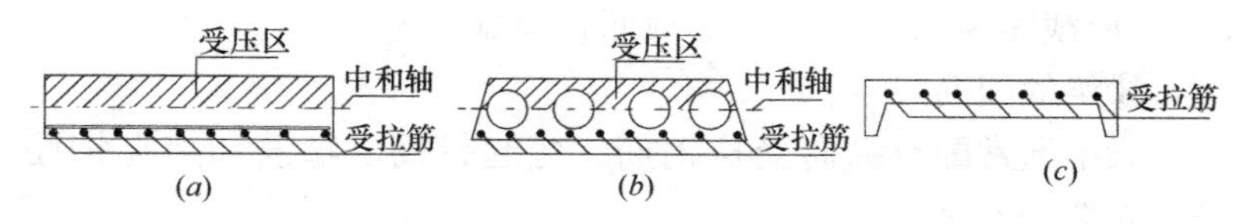

图 2-21　板的截面形状

（*a*）矩形截面板；（*b*）空心板；（*c*）槽形板

③板的配筋

板中通常配有纵向受力钢筋和分布钢筋，如图 2-22 所示。纵向受力钢筋直径通常采用 6、8、10mm。为了便于施工，选用钢筋直径的种类愈少愈好。

板钢筋间距不宜太大，也不宜太小。板厚 $h \leqslant 150$mm 时，受力钢筋间距不宜大于 200mm；$h > 150$mm 时，受力钢筋间距不宜大于 $1.5h$，且不宜大于 250mm。同时，板中受力钢筋间距不宜小于 70mm。

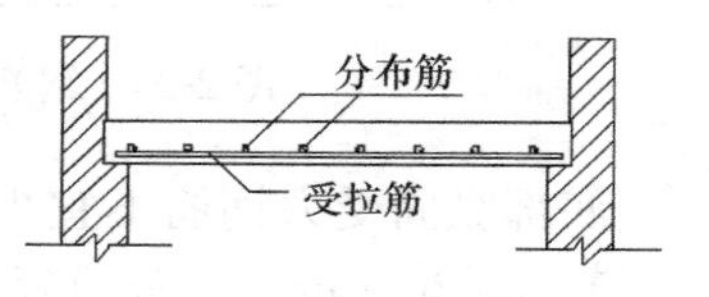

图 2-22　板的配筋

分布钢筋布置与受力钢筋垂直，交点用细铁丝绑扎或焊接，其作用是将板面上的荷载更均匀地传递给受力钢筋，同时在施工中可固定受力钢筋的位置，并抵抗温度、收缩应力。单位长度上分布钢筋的截面面积不应小于单位宽度上受力钢筋面积的 15%，且不宜小于该方向板截面面积的 0.15%；分布钢筋间距不宜大于 250mm，直径不宜小于 6mm；对集中荷载较大的情况，分布钢筋的截面面积应适当增加，其间距不宜大于 200mm。

3）箍筋和弯起筋的构造要求

①箍筋的构造

A. 箍筋形式和肢数

箍筋的形式有封闭式和开口式两种，如图 2-23 所示。通常采用封闭式箍筋。箍筋端部弯钩通常用 135°，弯钩端部水平直段长度不应小于 $5d$（d 为箍筋直径）和 50mm，抗震时不小于 $10d$。箍筋的肢数分单肢、双肢及复合箍（多肢箍），一般采用

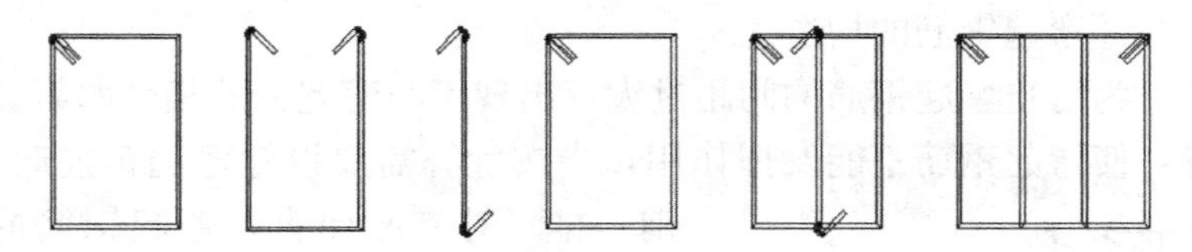

图 2-23　箍筋的形式

双肢箍，当梁宽 $b>400$mm 且一层内的纵向受压钢筋多于 3 根时，或当梁宽 $b<400$mm 但一层内的纵向受压钢筋多于 4 根时，应设置复合箍筋。

B. 箍筋的直径

箍筋的直径应由计算确定，同时，为使箍筋与纵筋联系形成的钢筋骨架有一定的刚性，箍筋直径也不能太小。《混凝土结构设计规范》GB 50010 规定：对截面高度 $h\leqslant 800$mm 的梁，其箍筋直径不宜小于 6mm；对截面高度 $h>800$mm 的梁，其箍筋直径不宜小于 8mm。当梁中配有计算需要的纵向受压钢筋时，箍筋直径尚不应小于纵向受压钢筋最大直径的 0.25 倍。

C. 箍筋的间距

箍筋的间距一般应由计算确定，同时，为防止斜裂缝出现在两道箍筋之间而不与任何箍筋相交，控制使用荷载下的斜裂缝宽度，梁中箍筋的最大间距符合规定。

当梁中配有按计算需要的纵向受压钢筋时，箍筋的间距不应大于 $15d$（d 为纵向受压钢筋的最小直径）同时不应大于 400mm；当一层内的纵向受压钢筋多于 5 根且直径大于 18mm 时，箍筋间距不应大于 $10d$。

D. 箍筋的布置

对按计算不需要配箍筋的梁，当截面高度 $h>300$mm 时，应沿梁全长设置箍筋；当截面高度 $h=150\sim300$mm 时，可仅在构件端部各四分之一跨度范围内设置箍筋；但当在构件中部 1/2 跨度范围内有集中荷载作用时，则应沿梁全长设置箍筋；当截面高度 $h<150$mm 时，可不设箍筋。

②弯起钢筋的构造

为防止弯起钢筋的间距过大，出现不与弯起钢筋相交的斜裂缝，使弯起钢筋不能发挥作用，当按计算需要设置弯起钢筋时，前一排（对支座而言）弯起钢筋的弯起点到后一排弯起钢筋弯终点的距离，如图 2-24 所示，不得大于规定的箍筋最大间距，且第一排弯起钢筋的上弯点距支座边缘的距离也不应大于箍筋的最大间距，且不小于 50mm。

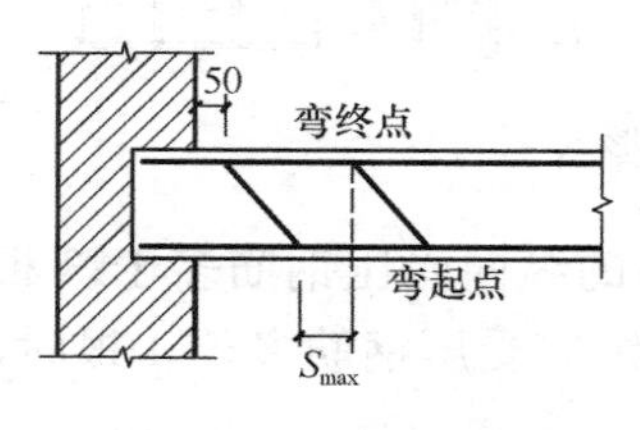

图 2-24　弯起钢筋最大间距

在弯起钢筋的弯终点外应留有平行于梁轴线方向的锚固长度，其长度在受拉区不应小于 $20d$，在受压区不应小于 $10d$，此处，d 为弯起钢筋的直径，光面弯起钢筋末端应设弯钩。

梁中弯起钢筋的弯起角度一般可取 45°。当梁截面高度大于 800mm 时，也可为 60°。梁底层钢筋中的角部钢筋不应弯起，顶层钢筋中的角部钢筋不应弯下。当不能弯起纵向受拉钢筋时，可设置单独的受剪弯起钢筋。

（2）受压构件的构造要求

1）截面形式

轴心受压构件和偏心受压构件由于受力性能不同，因此在截面形式上有所不同。

①轴心受压

轴心受压构件一般采用方形、矩形或圆形截面。

②偏心受压

偏心受压构件常采用矩形截面，截面长边布置在弯矩作用方向，为了减轻自重，预制装配式受压构件有时把截面做成工形或其他形式。

2）混凝土材料

混凝土强度等级对受压构件的承载力影响较大，为了减少截面尺寸并节省钢材，宜采用强度等级较高的混凝土，一般情况下受压构件采用 C25 及以上等级的混凝土，若承受重复荷载，则不应低于 C30。

3）纵向钢筋

钢筋混凝土柱内配置的纵向钢筋常用 HRB400、RRB400 级和 HRB500 级。

4）箍筋

受压构件中的箍筋除了能固定纵向受力箍筋的位置外，还能防止纵向受力箍筋在混凝土被压碎之前压曲，保证纵向受力钢筋与混凝土共同受力。

钢筋混凝土柱中的箍筋一般采用 HPB300 级钢筋，在构造上应满足下列要求：

①受压构件中箍筋应为封闭式，并与纵筋形成整体骨架。

②对于热轧钢筋，箍筋的直径不应小于 $d/4$，且不应小于 6mm。

③箍筋的间距不应大于构件截面的短边尺寸 b，且不宜大于 400mm；同时在绑扎骨架中不宜大于 $15d$，在焊接骨架中不宜大于 $20d$。其中 d 为纵向钢筋的最小直径。

三、混凝土材料及性能

（一）混凝土组成材料

1. 水泥

水泥是加水拌合成塑性浆体，能胶结砂石等材料，并能在空气和水中硬化的粉状水硬性胶凝材料。水泥用于制作各种混凝土、钢筋混凝土建筑物和构筑物，并可用于配制各种砂浆及其他各种胶结材料等。

按所含化学成分的不同，水泥可分为硅酸盐系水泥、铝酸盐系水泥、硫铝酸盐系水泥及铁铝酸盐系水泥等，其中以硅酸盐系水泥应用最广；按水泥的用途及性能，可分为通用水泥、专用水泥与特种水泥三类。

（1）硅酸盐水泥

根据现行国家标准《通用硅酸盐水泥》GB 175—2007（2015年新版）的规定，以硅酸盐水泥熟料和适量的石膏、及规定的混合材料制成的水硬性胶凝材料，都称为硅酸盐水泥（即国外通称的波特兰水泥）。硅酸盐水泥可分为两种类型：不掺加混合材料的称为Ⅰ型硅酸盐水泥，代号P·Ⅰ；在硅酸盐水泥熟料粉磨时掺加不超过水泥质量5%的石灰石或粒化高炉矿渣混合材料的称为Ⅱ型硅酸盐水泥，代号P·Ⅱ。硅酸盐水泥的主要技术性质如下：

1）化学指标

硅酸盐水泥的化学指标应符合规范规定的要求。

2）标准稠度用水量

由于加水量的多少，对水泥的一些技术性质（如凝结时间等）的测定值影响很大，故测定这些性质时，必须在一个规定的稠度下进行。这个规定的稠度，称为标准稠度。水泥净浆达到标准稠度时所需的拌合水量（以水占水泥质量的百分比表示），称为标准稠度用水量（也称需水量）。

硅酸盐水泥的标准稠度用水量，一般在24%～30%之间。水泥熟料矿物成分不同时，其标准稠度用水量亦有差别。水泥磨得越细，标准稠度用水量越大。

3）凝结时间

水泥的凝结时间有初凝与终凝之分。初凝时间是指从水泥加水到水泥浆开始失去可塑性所需的时间；终凝时间是指从水泥加水到水泥浆完全失去可塑性，并开始产生强度所需的时间。水泥凝结时间的测定，是以标准稠度的水泥净浆，在规定温度和湿度条件下，用凝结时间测定仪测定。

标准规定硅酸盐水泥初凝不小于45min，终凝不大于390min。普通硅酸盐水泥、矿渣硅酸盐水泥、火山灰质硅酸盐水泥、粉煤灰硅酸盐水泥和复合硅酸盐水泥初凝不小于45min，终凝不大于600min。

4）体积安定性

水泥的体积安定性，是指水泥在凝结硬化过程中，体积变化的均匀性。若水泥硬化后体积变化不均匀，即所谓的安定性不良。使用安定性不良的水泥会造成构件产生膨胀性裂缝，降低建筑物质量，甚至引起严重事故。

造成水泥安定性不良的原因主要是由于熟料中含有过多的游离氧化钙（f-CaO）或游离氧化镁（f-MgO），以及水泥粉磨时掺入的石膏超量。熟料中所含游离氧化钙或游离氧化镁都是过烧的，结构致密，水化很慢，加之被熟料中其他成分所包裹，使得在水泥已经硬化后才进行水化，产生体积膨胀，引起不均匀的体积变化。当石膏掺入量过多时，水泥硬化后，残余石膏与固态水化铝酸钙继续反应生成钙矾石，体积增大约1.5倍，从而导致水泥石开裂。

沸煮能加速 f-CaO 的水化，国家标准规定用沸煮法检验水泥的体积安定性。其方法是将水泥净浆试饼或雷氏夹试件煮沸 3h 后，用肉眼观察试饼未发现裂纹，用直尺检查也没有弯曲现象，或测得两个雷氏夹试件的膨胀值的平均值不大于 5mm 时，则体积安定性合格；反之，则为不合格。当对测定结果有争议时，以雷氏夹法为准。f-MgO 的水化比 f-CaO 更缓慢，其在压蒸条件下才加速水化；石膏的危害则需长期在常温水中才能发现，两者均不便于快速检验。因此，国家标准规定通用水泥中 MgO 含量不得超过 5%，如经压蒸法检验安定性合格，则 MgO 含量可放宽到 6%；水泥中 SO_3 的含量不得超过 3.5%。

标准规定水泥安定性经沸煮法试验必须合格，方可使用。

5）强度及强度等级

水泥的强度是评定其质量的重要指标，也是划分水泥强度等级的依据。

根据《水泥胶砂强度检验方法（ISO 法）》GB/T 17671—1999 规定，测定水泥强度时应将水泥、标准砂和水按质量比以 1∶3∶0.5混合，按规定的方法制成 40mm×40mm×160mm 的试件，在标准温度（20±1)℃的水中养护，分别测定其 3d 和 28d 的抗折强度和抗压强度（具体方法见试验部分)。根据测定结果，普通硅酸盐水泥分为 42.5、42.5R、52.5、52.5R4 个强度等级；矿渣硅酸盐水泥、火山灰质硅酸盐水泥、粉煤灰硅酸盐水泥分为 32.5、32.5R、42.5、42.5R、52.5、52.5R6 个强度等级，复合硅酸盐水泥分为 32.5R、42.5、42.5R、52.5、52.5R5 个强度等级。此外，依据水泥 3d 的不同强度又分为普通型和早强型两种类型，其中有代号为 R 者为早强型水泥。

6）细度

细度是指水泥颗粒的粗细程度，是检定水泥品质的选择性指标。

水泥颗粒的粗细直接影响水泥的需水量、凝结硬化及强度。水泥颗粒越细，与水起反应的比表面积越大，水化较快，早期强度及后期强度都较高。但水泥颗粒过细，研磨水泥能耗大，成本也较高，且易与空气中的水分及二氧化碳起反应，不宜久置，硬化时收缩也较大。若水泥颗粒过粗，则不利于水泥活性的发挥。

水泥细度可用筛析法和比表面积法来检测。筛析法以 80μm 或 45μm 方孔筛的筛余量表示水泥细度。比表面积法用 1kg 水泥所具有的总表面积（m^2/kg）来表示水泥细度。为满足工程对水泥性能的要求，国家标准规定，硅酸盐水泥和普通硅酸盐水泥以比表面积表示，不小于 $300m^2/kg$；矿渣硅酸盐水泥、火山灰质硅酸盐水泥、粉煤灰硅酸盐水泥和复合硅酸盐水泥以筛余表示，80μm 方孔筛筛余不大于 10％或 45μm 方孔筛筛余不大于 30％。

7）碱含量

水泥中的碱超过一定含量时，遇上骨料中的活性物质如活性 SiO_2，会生成膨胀性的产物，导致混凝土开裂破坏。为防止发生此类反应，需对水泥中的碱进行控制。

（2）掺混合材料的硅酸盐水泥

1）混合材料

混合材料是生产水泥时为改善水泥的性能、调节水泥的强度等级而掺入的人工或天然矿物材料，它也称为掺合料。多数硅酸盐水泥品种都掺加有适量的混合材料，这些混合材料与水泥熟料共同磨细后，不仅可调节水泥等级、增加产量、降低成本，还可调整水泥的性能，增加水泥品种，满足不同工程的需要。

混合材料按照在水泥中的性能表现不同，可分为活性混合材料和非活性混合材料两大类，其中活性混合材料用量最大。常用的活性混合材料有粒化高炉矿渣、火山灰质混合材料及粉煤灰等。

常用的非活性混合材料有石灰石粉、磨细石英砂、慢冷矿渣及黏土等。此外，凡活性未达到规定要求的高炉矿渣、火山灰质混合材料及粉煤灰等也可作为非活性混合材料使用。

掺活性混合材料的硅酸盐水泥与水拌合后，首先是水泥熟料水化，生成 $Ca(OH)_2$。然后，氢氧化钙与掺入的石膏作为活性混合材料的激发剂，产生上述的反应（称二次水化反应）。二次水化反应速度较慢，对温度反应敏感。

2）掺混合材料的硅酸盐水泥

在硅酸盐水泥熟料中掺入不同种类的混合材料，可制成性能不同的掺混合材料的通用硅酸盐水泥。常用的有普通硅酸盐水泥、矿渣硅酸盐水泥、火山灰质硅酸盐水泥、粉煤灰硅酸盐水泥及复合硅酸盐水泥。

①普通硅酸盐水泥根据国家标准《通用硅酸盐水泥》GB 175—2007（2015年新版），普通硅酸盐水泥的定义是：凡由硅酸盐水泥熟料、5%～20%混合材料、适量石膏磨细制成的水硬性胶凝材料，称为普通硅酸盐水泥（简称普通水泥），代号P·O。掺活性混合材料时，最大掺量不得超过20%，其中允许用不超过水泥质量5%的窑灰或不超过水泥质量8%的非活性混合材料来代替。

②矿渣硅酸盐水泥根据国家标准《通用硅酸盐水泥》GB 175—2007（2015年新版）的规定，矿渣硅酸盐水泥的定义是：凡由硅酸盐水泥熟料和粒化高炉矿渣，适量石膏磨细制成的水硬性胶凝材料，称为矿渣硅酸盐水泥（简称矿渣水泥），代号为P·S。矿渣水泥中粒化高炉矿渣掺量按质量百分比计为20%～70%，按掺量不同分为A型和B型两种。A型矿渣水泥的矿渣掺量为20%～50%，其代号P·S·A；B型矿渣水泥的矿渣掺量为50%～70%，其代号P·S·B。允许用石灰石、窑灰和火山灰质混合材料中的一种材料代替矿渣，代替总量不得超过水泥质量的8%，替代后水泥中的粒化高炉矿渣不得少于20%。

③火山灰质硅酸水泥根据国家标准《通用硅酸盐水泥》GB 175—2007（2015年新版）的规定，火山灰质硅酸盐水泥的定义是：凡由硅酸盐水泥熟料和火山灰质混合材料、适量石膏磨细制成的水硬性胶凝性材料，称为火山灰质硅酸水泥（简称火山灰水泥），代号P·P。水泥中火山灰质混凝合材料掺量按质量百分比计为20%～40%。

④粉煤灰硅酸盐水泥根据国家标准《通用硅酸盐水泥》GB 175—2007（2015年新版）的规定，粉煤灰硅酸盐水泥的定义是：凡由硅酸盐水泥熟料和粉煤灰、适量石膏磨细制成的水硬性胶凝材料，称为粉煤灰硅盐水泥（简称粉煤灰水泥），代号P·F。水泥中粉煤灰掺量按质量百分比计为20%～40%。

⑤复合硅酸盐水泥根据国家标准《通用硅酸盐水泥》GB 175—2007（2015年新版）的规定，复合硅酸盐水泥的定义是：凡由硅酸盐水泥熟料、两种或两种以上规定的混合材料、适量石膏磨细制成的水硬性胶凝性材料，称为复合硅酸盐水泥（简称复合水泥），代号P·C。水泥中混合材料总掺量按质量百分比计应大于20%，但不超过50%。水泥中允许用不超过8%的窑灰代替部分混合材料；掺矿渣时混合材料掺量不得与矿渣水泥重复。

（3）水泥的验收、运输与贮存

工程中应用水泥，不仅要对水泥品种进行合理选择，质量验收时还要严格把关，妥善进行运输、保管、贮存等。

1）验收

①包装标志验收根据供货单位的发货明细表或入库通知单及质量合格证，分别核对水泥包装上所注明的执行标准、水泥品种、代号、强度等级、生产者名称、生产许可证标志（QS）及编号、出厂编号、包装日期、净含量。掺火山灰质混合材料的普通水泥和矿渣水泥还应标上“掺火山灰”字样。包装袋两侧应根据水泥的品种采用不同的颜色印刷水泥名称和强度等级，硅酸盐水泥和普通硅酸盐水泥采用红色，矿渣硅酸盐水泥采用绿色，火山灰质硅酸盐水泥、粉煤灰硅酸盐水泥和复合硅酸盐水泥采用黑色或蓝色。散装发运时应提交与袋装标志相同内容的卡片。

②数量验收水泥可以散装或袋装，袋装水泥每袋净含量为50kg，且应不少于标志质量的99%；随机抽取20袋总质量（含包装袋）应不少于1000kg。其他包装形式由供需双方协商确定，但有关袋装质量要求，应符合上述规定。

③质量验收水泥出厂前按同品种、同强度等级编号和取样。

袋装水泥和散装水泥应分别进行编号和取样。每一个编号为一个取样单位。取样应有代表性，可连续取，也可以从 20 个以上不同部位取等量样品，总量至少 12kg。

交货时水泥的质量验收可抽取实物试样以其检验结果为依据，也可以生产者同编号水泥的检验报告为依据。采取何种方法验收由买卖双方商定，并在合同或协议中注明。

以抽取实物试样的检验结果为验收依据时，买卖双方应在发货前或交货地共同取样和签封。取样数量为 20kg，缩分为二等份。一份由卖方保存 40d，一份由买方按本标准规定的项目和方法进行检验。在 40d 以内，买方检验认为产品质量不符合本标准要求，而卖方又有异议时，则双方应将卖方保存的另一份试样送省级或省级以上国家认可的水泥质量监督检验机构进行仲裁检验。

以水泥厂同编号水泥的检验报告为验收依据时，在发货前或交货时，买方在同编号水泥中抽取试样，双方共同签封后保存 3 个月，或委托卖方在同编号水泥中抽取试样，签封后保存 3 个月。在 3 个月内，买方对水泥质量有疑问时，买卖双方应将签封的试样送省级或省级以上国家认可的水泥质量监督检验机构进行仲裁检验。

2）运输与贮存

①水泥的受潮水泥是一种具有较大表面积、极易吸湿的材料，在贮运过程中，如与空气接触，则会吸收空气中的水分和二氧化碳而发生部分水化反应和碳化反应，从而导致水泥变质，这种现象称为风化或受潮。受潮水泥由于水化产物的凝结硬化，会出现结粒或结块现象，从而失去活性，导致强度下降，严重的甚至不能再用于工程中。

此外，即使水泥不受潮，长期处在大气环境中，其活性也会降低。

②水泥的运输和贮存水泥在运输过程中，要采用防雨、雪措施，在保管中要严防受潮。不同生产厂家、品种、强度等级和出

厂日期的水泥应分开贮运，严禁混杂。应先存先用，不可贮存过久。

受潮后的水泥强度逐渐降低、密度也降低、凝结迟缓。水泥强度等级越高，细度越细，吸湿受潮也越快。水泥受潮快慢及受潮程度与保管条件、保管期限及质量有关。一般贮存 3 个月的水泥，强度降低约 10%～25%，贮存 6 个月可降低 25%～40%。通用硅酸盐水泥贮存期为 3 个月。过期水泥应按规定进行取样复验，按实际强度使用。

水泥一般入库存放，贮存水泥的库房必须干燥通风。存放地面应高出室外地面 30cm，距离窗户和墙壁 30cm 以上；袋装水泥堆垛不宜过高，以免下部水泥受压结块，一般 10 袋堆一垛。如存放时间短，库房紧张，也不宜超过 15 袋。露天临时贮存袋装水泥时，应选择地势高、排水条件好的场地，并认真做好上盖下垫，以防止水泥受潮。

贮运散装水泥时，应使用散装水泥罐车运输，采用铁皮罐仓或散装水泥库存放。

2. 砂石骨料

混凝土用砂石骨料按粒径大小分为细骨料和粗骨料。粒径在 150μm～4.75mm 之间的岩石颗粒，称为细骨料；粒径大于 4.75mm 的颗粒称为粗骨料。骨料在混凝土中起骨架作用和稳定作用，而且其用量所占比例也最大，通常粗、细骨料的总体积要占混凝土总体积的 70%～80%。因此，骨料质量的优劣对混凝土性能影响很大。

（1）砂

1）砂的种类及其特性

土木工程中常用的砂主要有天然砂或人工砂。

天然砂按其产源不同可分为河砂、湖砂、海砂及山砂。天然砂中河砂的综合性质最好。

人工砂可分为机制砂和混合砂两种。机制砂是将天然岩石用机械轧碎、筛分后制成的颗粒，其颗粒富有棱角，比较洁净，但砂中片状颗粒及细粉含量较多，且成本较高。混合砂是由机制砂和天然砂混合而成，其技术性能应满足人工砂的要求。当仅靠天然砂不能满足用量需求时，可采用混合砂。

砂按细度模数分为粗、中、细三种规格，其细度模数分别为：

——粗：3.7～3.1；

——中：3.0～2.3；

——细：2.2～1.6。

质量状态不同的砂子适合于配制性能要求不同的水泥混凝土。依据《建设用砂》GB/T 14684—2011 的规定，根据混凝土用砂的质量状态不同可分为Ⅰ类、Ⅱ类、Ⅲ类三种类别的砂。其中，Ⅰ类砂适合配制各种混凝土，包括强度为 60MPa 以上的高强度混凝土；Ⅱ类砂适合配制强度在 60MPa 以下的混凝土以及有抗冻、抗渗或其他耐久性要求的混凝土；Ⅲ类砂通常只适合配制强度低于 30MPa 的混凝土或建筑砂浆。

2）混凝土用砂的质量要求

①含泥量、石粉含量和泥块含量　砂中含泥量通常是指天然砂中粒径小于 75μm 的颗粒含量；石粉含量是指人工砂中粒径小于 75μm 的颗粒含量；泥块含量是指砂中所含粒径大于 1.18mm，经水浸洗、手捏后粒径小于 600μm 的颗粒含量。

②有害物质含量　砂中的有害物质是指各种可能降低混凝土性能与质量的物质。通常，对不同类别的砂，应限制其中云母、轻物质、硫化物与硫酸盐、氯盐和有机物等有害物质的含量，且砂中不得混有草根、树叶、树枝、塑料、煤块、煤渣等杂物。

③碱活性骨料　当水泥或混凝土中含有较多的强碱（Na_2O，K_2O）物质时，可能与含有活性二氧化硅的骨料反应，这种反应称为碱-骨料反应，其结果可能导致混凝土内部产生局部体积膨胀，甚至使混凝土结构产生膨胀性破坏。因此，除了控制水泥的碱含量以外，还应严格控制混凝土中含有活性二氧化硅等物质的活性骨料。

④砂的粗细程度及颗粒级配　砂的粗细程度是指不同粒径的砂粒，混合在一起后的平均粗细状态。通常有粗砂、中砂与细砂之分。在相同砂用量的条件下，细砂的总表面积较大，而粗砂的总表面积较小。在混凝土中砂子的表面需要水泥包裹，赋予系统流动性和黏结强度，砂子的总表面积越大，则需要包裹砂粒表面的水泥浆就越多。一般用粗砂拌制的混凝土比用细砂所需的水泥浆省。

砂的颗粒级配，即表示不同大小颗粒和数量比例砂子的组合或搭配情况。在混凝土中砂粒之间的空隙是由水泥浆所填充的，为达到节约水泥和提高混凝土强度及密实性的目的，应使用较好级配的砂。

⑤砂的物理性质

A. 砂的表观密度、堆积密度及空隙率砂的表观密度大小，反映砂粒的密实程度。混凝土用砂的表观密度，一般要求大于 $2500kg/m^3$。砂的堆积密度与空隙有关。混凝土用砂的松散堆积密度，一般要求不小于 $1350kg/m^3$，在自然状态下干砂的堆积密度约为 $1400 \sim 1600kg/m^3$，振实后的堆积密度可过 $1600 \sim 1700kg/m^3$。

砂子空隙率的大小，与颗粒形状及颗粒级配有关。混凝土用砂的空隙率，一般要求小于47%。带有棱角的砂，特别是针片状颗粒较多的砂，其空隙率较大；球形颗粒的砂，其空隙率较小。级配良好的砂，空隙率较小。一般天然河砂的空隙率为40%～45%；级配良好的河砂，其空隙率可小于40%。

B. 砂的含水率。砂子含水量的大小，可用含水率表示。在工业及民用建筑工程中，习惯按干燥状态的砂（含水率小于0.5%）及石子（含水率小于0.2%）来设计混凝土配合比。

C. 砂的坚固性砂的坚固性用硫酸钠溶液法检验，人工砂的坚固性还应用压碎指标法检验。

（2）粗骨料（卵石、碎石）

1）颗粒形状及表面特征

混凝土中的粗骨料是指粒径大于 4.75mm 的岩石颗粒，常用的有碎石和卵石。

卵石又称砾石，它是由天然岩石经自然风化、水流搬运和分选、堆积形成的，按其产源可分为河卵石、海卵石及山卵石等几种，其中以河卵石应用较多。碎石由天然岩石或卵石经破碎、筛分而成，表面粗糙，棱角多，较洁净，与水泥浆黏结比较牢固。

根据其粒径尺寸分布状况的不同，混凝土用粗骨料有连续粒级和单粒粒级两种，依据其技术要求不同，又可分为Ⅰ类、Ⅱ类、Ⅲ类三种类别。其中，Ⅰ类粗骨料适合配制各种混凝土，包括强度为 60MPa 以上的高强度混凝土；Ⅱ类粗骨料适合配制强度在 60MPa 以下的混凝土，以及有抗冻、抗渗或其他耐久性要求的混凝土；Ⅲ类粗骨料通常只适合配制强度低于 30MPa 的混凝土。

2）粗骨料中的含泥量和泥块含量

粗骨料的含泥量是指粒径小于 75μm 的颗粒含量；泥块含量是指粒径大于 4.75mm，经水洗、手捏后小于 2.36mm 的颗粒含量。它们在混凝土中均影响其强度与耐久性，工程实际中应满足规定要求。

3）粗骨料中的有害物质含量

混凝土用粗骨料中应严格控制有机物、硫化物及硫酸盐等有害物质的含量，并且不得混有草根、树叶、树枝、塑料、煤块、炉渣等杂物。

当粗骨料中发现有颗粒状硫酸盐或硫化物杂质痕迹时，应进行专门试验，只有当确认其能够满足混凝土耐久性要求时方可使用。

4）粗骨料的最大粒径及颗粒级配

①最大粒径（D_M）粗骨料公称粒径的上限值，称为骨料最大粒径。粗骨料最大粒径增大时，骨料的空隙率及表面积都减小，在水灰比及混凝土流动性相同的条件下，可使水泥用量减少，且有助于提高混凝土密实性、减少混凝土发热量及混凝土的

收缩，这对大体积混凝土颇为有利。实践证明，当 D_M 在 80～120mm 以下变动时，D_M 增大，水泥用量显著减小，节约水泥效果明显。当 D_M 超过 150mm 时，D_M 增大，水泥用量不再显著减小。

对于水泥用量较少的中、低强度混凝土，D_M 增大时，混凝土强度增大。对于水泥用量较多的高强度混凝土，D_M 由 20mm 增至 40mm 时，混凝土强度最高，D_M＞40mm 并没有好处。骨料最大粒径大者对混凝土的抗冻性、抗掺性也有不良影响，尤其会显著降低混凝土的抗侵蚀性。因此，适宜的骨料最大粒径与混凝土性能要求有关。在大体积混凝土中，如条件许可，在最大粒径为 150mm 范围内，应尽可能采用较大粒径。在高强混凝土及有抗侵蚀性要求的外部混凝土中，骨料最大粒径应不超过 40mm。港口工程混凝土的最大粒径不大于 80mm。

骨料最大粒径的确定，还受到结构物断面、钢筋疏密及施工条件的限制。一般规定 D_M 不超过钢筋净距的 2/3～3/4，构件断面最小尺寸的 1/4。对于混凝土实心板，允许采用 D_M 为 1/2 板厚的骨料（但 $D_M \leqslant 50$mm）。当混凝土搅拌机的容量小于 0.8m^3 时，D_M 不宜超过 80mm；当使用大容量搅拌机时，也不宜超过 150mm，否则容易打坏搅拌机叶片。

②颗粒级配粗骨料的级配原理与细骨料基本相同，即将大小石子适当掺配，使粗骨料的空隙率及表面积都比较小，这样拌制的混凝土水泥用量少，质量也较好。

5）物理力学性质

①强度为了保证混凝土的强度，要求粗骨料质地致密、具有足够的强度。粗骨料的强度可用岩石立方体强度或压碎指标两种方法进行检验。岩石立方体强度是将轧制碎石的岩石或卵石制成 50mm×50mm×50mm 的立方体（或直径与高度均为 50mm 的圆柱体）试件，在浸水饱和状态下测定其极限抗压强度。一般要求极限强度与混凝土强度之比不小于 1.5，且要求岩浆岩的极限抗压强度不宜低于 80MPa，变质岩不宜低于 60MPa，沉积岩不

宜低于 30MPa。

②坚固性有抗冻、耐磨、抗冲击性能要求的混凝土所用粗骨料，要求测定其坚固性，即用硫酸钠溶液法检验。对于在严寒及寒冷地区室外使用并经常处于潮湿或干湿交替状态下的混凝土，粗骨料试样经五次循环后其质量损失应不大于 8%。其他条件下使用的混凝土，其粗骨料试样经五次循环后的质量损失应不大于 12%。

③表观密度、堆积密度及空隙率用作混凝土骨料的卵石或碎石，应密实坚固。故粗骨料的表观密度应较大、空隙率应较小。一般要求粗骨料的表观密度不小于 2600kg/m^3。粗骨料的堆积密度及空隙率与其颗粒形状、针片状颗粒含量以及粗骨料的颗粒级配有关。近于球形或立方体形状的颗粒且级配良好的粗骨料，其堆积密度较大，空隙率较小。经振实后的堆积密度（称为振实堆积密度）比松散堆积密度大，空隙率小。

④吸水率粗骨料的颗粒越坚实，孔隙率越小，其吸水率越小，品质也越好。吸水率大的石料，表明其内部孔隙多。粗骨料吸水率过大，将降低混凝土的软化系数，也降低混凝土的抗冻性。

3. 混凝土拌合及养护用水

凡可饮用的水，均可用于拌制和养护混凝土。未经处理的工业废水、污水及沼泽水，不能使用。天然矿化水中含盐量、氯离子及硫酸根离子含量以及 pH 值等化学成分能够满足《混凝土用水标准》JGJ 63—2006 要求时。

对拌制和养护混凝土的水质有怀疑时，应进行砂浆强度对比试验。如用该水拌制的砂浆抗压强度低于用饮用水拌制的砂浆抗压强度的 90%时，则这种水不宜用于拌制和养护混凝土。

4. 混凝土外加剂

在拌制混凝土过程中掺入的不超过水泥质量的 5%（特殊情况除外），且能使混凝土按需要改变性质的物质，称为混凝土外加剂。

混凝土外加剂的种类很多，根据国家标准，混凝土外加剂按主要功能来命名，如普通减水剂、早强剂、引气剂、缓凝剂、高效减水剂、引气减水剂、缓凝减水剂、速凝剂、防水剂、阻锈剂、膨胀剂、防冻剂等。本节着重介绍工程中常用的各种减水剂、引气剂、早强剂、缓凝剂及速凝剂。

（1）减水剂

减水剂是指在混凝土坍落度基本相同的条件下，能减少拌合用水量的外加剂。按减水能力及其兼有的功能有：普通减水剂、高效减水剂、早强减水剂及引气减水剂等。减水剂多为亲水性表面活性剂。

常用减水剂有木质素系、萘磺酸盐系（简称萘系）、松脂系、糖蜜系及腐殖酸系等，此外还有脂肪族类、氨基苯磺酸类、丙烯酸类减水剂。

混凝土减水剂的掺加方法，有“同掺法”、“后掺法”及“滞水掺入法”等。所谓同掺法，即是将减水剂溶解于拌合用水，并与拌合用水一起加入到混凝土拌合物中。所谓后掺法，就是在混凝土拌合物运到浇筑地点后，再掺入减水剂或再补充掺入部分减水剂，并再次搅拌后进行浇筑。所谓滞水掺入法，是在混凝土拌合物已经加入搅拌 1～3min 后，再加入减水剂，并继续搅拌到规定的拌合时间。

混凝土拌合物的流动性一般随停放时间的延长而降低，这种现象称为坍落度损失。掺有减水剂的混凝土坍落度损失往往更为突出。采用后掺法或滞水掺入法，可减小坍落度损失，也可减少外加剂掺用量，提高经济效益。

（2）速凝剂

掺入混凝土中能促进混凝土迅速凝结硬化的外加剂称为速凝剂。

通常，速凝剂的主要成分铝酸钠或碳酸钠等盐类。当混凝土中加入速凝剂后，其中的铝酸钠、碳酸钠等盐类在碱性溶液中迅速与水泥中的石膏反应生成硫酸钠，并使石膏丧失原有的缓凝作用，导致水泥中 C_3A 的迅速水化，促进溶液中水化物晶体的快速析出，从而使混凝土中水泥浆迅速凝固。

目前工程中较常用的速凝剂主要是这些无机盐类，其主要品种有“红星一型”和“711 型”。其中，红星一型是由铝氧熟料、碳酸钠、生石灰等按一定比例配制而成的一种粉状物；711 型速凝剂是由铝氧熟料与无水石膏按 3∶1 的质量比配合粉磨而成的混合物，它们在矿山、隧道、地铁等工程的喷射混凝土施工中最为常用。

(3) 早强剂

早强剂是能显著加速混凝土早期强度发展且对后期强度无显著影响的外加剂。按其化学成分分为氯盐类、硫酸盐类、有机胺类及其复合早强剂四类。

(4) 引气剂

引气剂是在混凝土搅拌过程中能引入大量独立的、均匀分布、稳定而封闭小气泡的外加剂。按其化学成分分为松香树脂类、烷基苯磺酸类及脂肪醇磺酸盐类三大类，其中以松树脂类应用最广，主要有松香热聚物和松香皂两种。

松香热聚物是由松香、硫酸、苯酚（石炭酸）在较高温度下进行聚合反应，再经氢氧化钠中和而成的物质。松香皂是将松香加入煮沸的氢氧化钠溶液中经搅拌、溶解、皂化而成，其主要成分为松香酸钠。目前，松香热聚物是工程中最常使用和效果最好的引气剂品种之一。

引气剂属于憎水性表面活性剂，其活性作用主要发生在水-气界面上。溶于水中的引气剂掺入新拌混凝土后，能显著降低水的表面张力，使水在搅拌作用下，容易引入空气形成许多微小的气泡。由于引气剂分子定向在气泡表面排列而形成了一层保护膜，且因该膜能够较牢固地吸附着某些水泥水化物而增加了膜层的厚度和强度，使气泡膜壁不易破裂。

(5) 缓凝剂及缓凝减水剂

能延缓混凝土凝结时间，并对混凝土后期强度发展无不利影响的外加剂，称为缓凝剂，兼有缓凝和减水作用的外加剂称为缓凝减水剂。

我国使用最多的缓凝剂是糖钙、木钙，它具有缓凝及减水作用。其次有羟基羟酸及其盐类，有柠檬酸、酒石酸钾钠等。无机盐类有锌盐、硼酸盐。此外，还有铵盐及其衍生物、纤维素醚等。

缓凝剂适用于要求延缓时间的施工中，如在气温高、运距长的情况下，可防止混凝土拌合物发生过早坍落度损失：又如分层浇筑的混凝土，为防止出现冷缝，也常加入缓凝剂。另外，在大体积混凝土中为了延长放热时间，也可掺入缓凝剂。

（6）防冻剂

防冻剂是掺加入混凝土后，能使其在负温下正常水化硬化，并在规定时间内硬化到一定程度，且不会产生冻害的外加剂。

利用不同成分的综合作用可以获得更好的混凝土抗冻性，因此，工程中常用的混凝土防冻剂往往采用多组分复合而成的防冻剂。其中防冻组分为氯盐类（如：$CaCl_2$，NaCl 等）；氯盐阻锈类（氯盐与亚硝酸钠、铬酸盐、磷酸盐等阻锈剂复合而成）；无氯盐类（硝酸盐、亚硝酸盐、碳酸盐、尿素、乙酸等）。减水、引气、早强等组分则分别采用与减水剂、引气剂和早强剂相近的成分。

值得指出的是，防冻剂的作用效果主要体现在对混凝土早期抗冻性的改善，其使用应慎重，特别应确保其对混凝土后期性能不会产生显著的不利影响。

（7）膨胀剂

掺加入混凝土中后能使其产生补偿收缩或膨胀的外加剂称为膨胀剂。

普通水泥混凝土硬化过程中的特点之一就是体积收缩，这种收缩会使其物理力学性能受到明显的影响，因此，通过化学的方法使其本身在硬化过程中产生体积膨胀，可以弥补其收缩的影响，从而改善混凝土的综合性能。

工程建设中常用的膨胀剂种类有硫铝酸钙类（如明矾石、UEA膨胀剂等）、氧化钙类及氧化硫铝钙类等。

硫铝酸钙类膨胀剂加入混凝土中以后，其中的无水硫铝酸钙可产生水化并能与水泥水化产物反应，生成三硫型水化硫铝酸钙（钙矾石），使水泥石结构固相体积明显增加而导致宏观体积膨胀。氧化钙类膨胀剂的膨胀作用，主要是利用CaO水化生成$Ca(OH)_2$晶体过程中体积增大的效果，而使混凝土产生结构密实或产生宏观体积膨胀。

5. 掺合料

混凝土掺合料是为了改善混凝土性能，节约用水，调节混凝土强度等级，在混凝土拌合时掺入天然的或人工的能改善混凝土性能的粉状矿物质。掺合料可分为活性掺合料和非活性掺合料。活性矿物掺合料本身不硬化或者硬化速度很慢，但能与水泥水化生成氧化钙起反应，生成具有胶凝能力的水化产物，如粉煤灰，粒化高炉矿渣粉，沸石粉，硅灰等。非活性矿物掺合料基本不与水泥组分起反应，如石灰石，磨细石英砂等材料。

常用的混凝掺合料土掺合料有粉煤灰、粒化高炉矿渣、火山灰类物质。尤其是粉煤灰、超细粒化电炉矿渣、硅灰等应用效果良好。

活性掺合料在掺有减水剂的情况下，能增加新拌混凝土的流动性、黏聚性、保水性、改善混凝土的可泵性。并能提高硬化混凝土的强度和耐久性。

通常使用的掺合料多为活性矿物掺合料。由于它能够改善混凝土拌合物的和易性，或能够提高混凝土硬化后的密实性、抗渗性和强度等，因此目前较多的土木工程中都或多或少地应用混凝土活性掺合料。特别是随着预拌混凝土、泵送混凝土技术的发展应用，以及环境保护的要求，混凝土掺合料的使用将愈加广泛。

（二）混凝土的主要性质

混凝土的主要技术性质包括混凝土拌合物的和易性、凝结特性、硬化混凝土的强度、变形及耐久性。

1. 混凝土拌合物的和易性

（1）和易性的意义

和易性是指混凝土拌合物在一定施工条件下，便于操作并能获得质量均匀而密实的性能。和易性良好的混凝土在施工操作过程中应具有流动性好、不易产生分层离析或泌水现象等性能，以使其容易获得质量均匀、成型密实的混凝土结构。和易性是一项综合性指标，包括流动性、黏聚性及保水性三个方面的含义。

流动性是指新拌混凝土在自重或机械振捣力的作用下，能产生流动并均匀密实地充满模板的性能。流动性的大小，在外观上表现为新拌混凝土的稀稠，直接影响其浇捣施工的难易和成型的质量。若新拌混凝土太干稠，则难以成型与捣实，且容易造成内部或表面孔洞等缺陷；若新拌混凝土过稀，经振捣后易出现水泥浆和水上浮而石子等颗粒下沉的分层离析现象，影响混凝土的质量均匀性。

黏聚性是混凝土拌合物中各种组成材料之间有较好的黏聚力，在运输和浇筑过程中，不致产生分层离析，使混凝土保持整体均匀的性能。黏聚性差的拌合物中水泥浆或砂浆与石子易分离，混凝土硬化后会出现蜂窝、麻面、空洞等不密实现象。严重影响混凝土的质量。

保水性是指混凝土拌合物保持水分，不易产生泌水的性能。保水性差的拌合物在浇筑的过程中，由于部分水分从混凝土内析出，形成渗水通道；浮在表面的水分，使上、下两混凝土浇筑层之间形成薄弱的夹层；部分水分还会停留在石子及钢筋的下面形成水隙，降低水泥浆与石子之间的胶结力。这些都将影响混凝土的密实性，从而降低混凝土的强度和耐久性。

（2）和易性的指标及测定方法

由于混凝土拌合物和易性的内涵比较复杂，目前尚无全面反映和易性的测定方法。根据《普通混凝土拌合物性能试验方法标准》GB/T 50080—2016 规定，用坍落度和维勃稠度来定量地测定混凝土拌合物的流动性大小，并辅以直观经验来定性地判断或评定黏聚性和保水性。

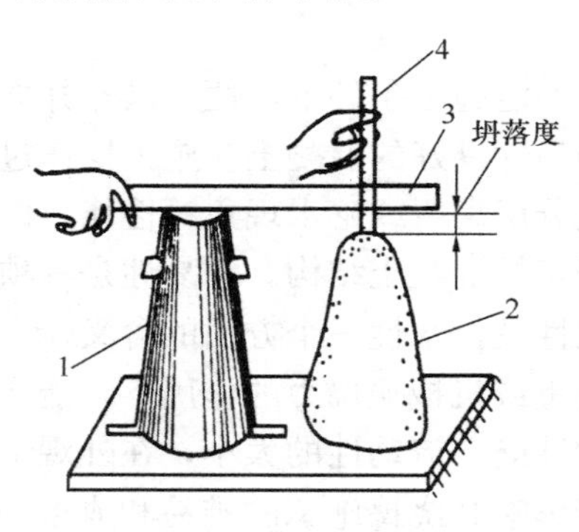

图 3-1 坍落度示意
1—坍落度筒；2—混凝土；
3—直尺；4—标尺

坍落度的测定是将混凝土拌合物按规定的方法分 3 层装入坍落度筒（图 3-1 中 1）中，每层插捣 25 次，抹平后将筒垂直提起，混凝土则在自重作用下坍落（图 3-1 中 2），用尺量测（图 3-1 中 3、4）筒高与坍落后混凝土试体最高点之间的高度差（以 mm 计），即为坍落度。坍落度越大，表示混凝土拌合物的流动性越大。坍落度大于 10mm 的称为塑性混凝土，其中 10～30mm 的常称为低流动性混凝土。坍落度小于 10mm 的称为干硬性混凝土。

在测定坍落度的同时，应检查混凝土的黏聚性及保水性。黏聚性的检查方法是用捣棒在已坍落的拌合物锥体一侧轻打，若轻打时锥体渐渐下沉，表示黏聚性良好；如果锥体突然倒塌、部分崩裂或发生石子离析，则表示黏聚性不好。保水性以混凝土拌合物中稀浆析出的程度评定。提起坍落度筒后，如有较多稀浆从底部析出，拌合物锥体因失浆而骨料外露，表示拌合物的保水性不好。如提起坍落筒后，无稀浆析出或仅有少量稀浆自底部析出，混凝土锥体含浆饱满，则表示混凝土拌合物保水性良好。

对于干硬性混凝土拌合物，采用维勃稠度（VB）作为和易性指标。将混凝土拌合物按标准方法装入 VB 仪容量桶（图 3-2

中 1）的坍落度筒（图 3-2 中 2）内；缓慢垂直提起坍落筒，将透明圆盘置于拌合物锥体顶面；启动振动台（图 3-2 中 6），用 s 表测出拌合物受振摊平、振实、透明圆盘的底面完全为水泥浆所布满所经历的时间（以 s 计），即为维勃稠度，也称工作度。维勃稠度代表拌合物振实所需的能量，时间越短，表明拌合物越易被振实。它能较好地反映混凝土拌合物在振动作用下便于施工的性能。

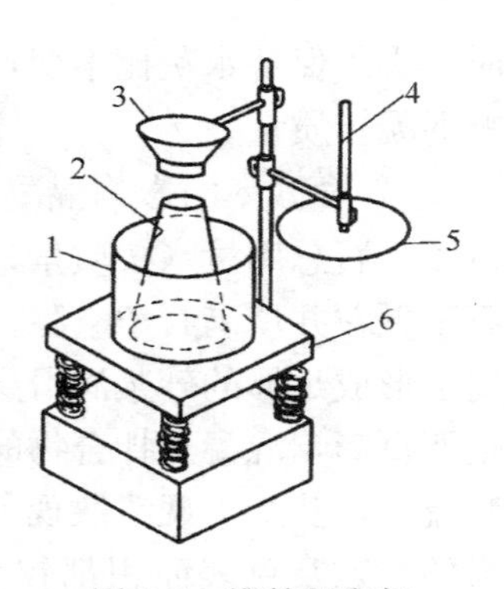

图 3-2　维勃稠度仪

1—容量桶；2—坍落度筒；3—喂料斗；4—测杆；5—透明圆盘；6—振动台

（3）影响混凝土拌合物和易性的因素

影响拌合物和易性的因素很多，主要有水泥浆含量、水泥浆的稀稠、含砂率的大小、原材料的种类以及外加剂等。

1）水泥浆含量的影响在水泥浆稀稠不变，也即混凝土的水用量与水泥用量之比（水灰比）保持不变的条件下，单位体积混凝土内水泥浆含量越多，拌合物的流动性越大。拌合物中除必须有足够的水泥浆包裹骨料颗粒之外，还需要有足够的水泥浆以填充砂、石骨料的空隙并使骨料颗粒之间有足够厚度的润滑层，以减少骨料颗粒之间的摩阻力，使拌合物有一定流动性。但若水泥浆过多，骨料不能将水泥浆很好地保持在拌合物内，混凝土拌合物将会出现流浆、泌水现象，使拌合物的黏聚性及保水性变差。这不仅增加水泥用量，而且还会对混凝土强度及耐久性产生不利影响。因此，混凝土内水泥浆的含量，以使混凝土拌合物达到要求的流动性为准，不应任意加大。

在水灰比不变的条件下，水泥浆含量可用单位体积混凝土的加水量表示。因此，水泥浆含量对拌合物流动性的影响，实质上也是加水量的影响。当加水量增加时，拌合物流动性增大，反之则减小。在实际工程中，为增大拌合物的流动性而增加用水量时，必须保持水灰比不变，相应地增加水泥用量，否则将显著影响混凝土质量。

2）含砂率的影响混凝土含砂率（简称砂率）是指砂的用量占砂、石总用量（按质量计）的百分数。混凝土中的砂浆应包裹石子颗粒并填满石子空隙。砂率过小，砂浆量不足，不能在石子周围形成足够的砂浆润滑层，将降低拌合物的流动性。更主要的是严重影响混凝土拌合物的黏聚性及保水性，使石子分离、水泥浆流失，甚至出现溃散现象。砂率过大，石子含量相对过少，骨料的空隙及总表面积都较大，在水灰比及水泥用量一定的条件下，混凝土拌合物显得干稠，流动性显著降低，如图 3-3 所示；在保持混凝土流动性不变的条件下，会使混凝土的水泥浆用量显著增大，如图 3-4 所示。因此，混凝土含砂率不能过小，也不能过大，应取合理砂率。

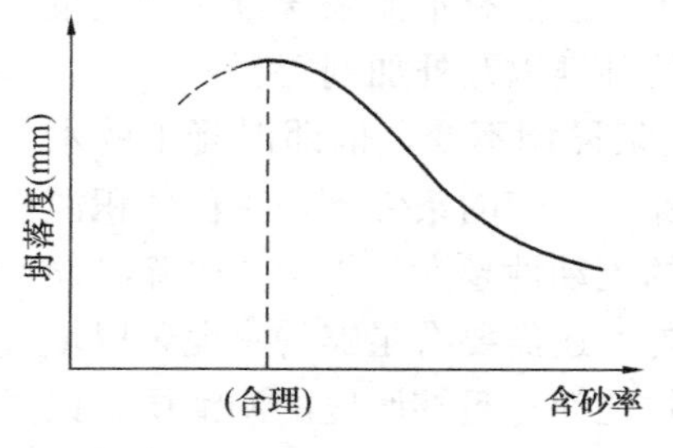

图 3-3　砂率与坍落度的关系曲线（水与水泥用量一定）

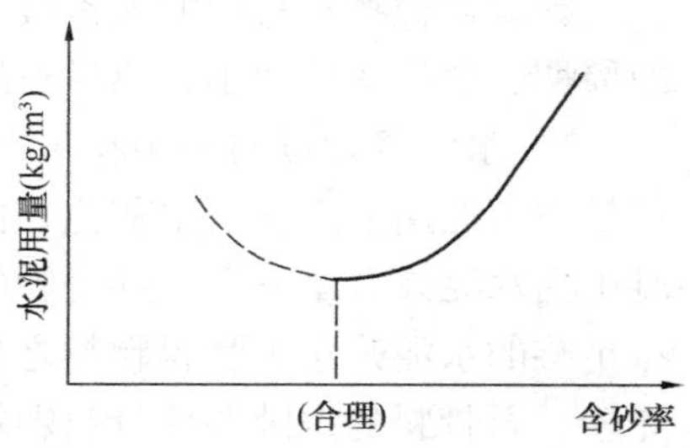

图 3-4　砂率与水泥用量的关系曲线（达到相同的坍落度）

合理砂率是在水灰比及水泥用量一定的条件下，使混凝土拌合物保持良好的黏聚性和保水性并获得最大流动性的含砂率。也即在水灰比一定的条件下，当混凝土拌合物达到要求的流动性，而且具有良好的黏聚性及保水性时，水泥用量最省的含砂率。

3）水泥浆稀稠的影响在水泥品种一定的条件下，水泥浆的稀稠取决于水灰比的大小。当水灰比较小时，水泥浆较稠，拌合物的黏聚性较好，泌水较少，但流动性较小，相反，水灰比较大时，拌合物流动性较大但黏聚性较差，泌水较多。当水灰比小至某一极限值以下时，拌合物过于干稠，在一般施工方法下混凝土不能被浇筑密实。当水灰比大于某一极限值时，拌合物将产生严重的离析、泌水现象，影响混凝土质量。因此，为了使混凝土拌合物能够成型密实，所采用的水灰比值不能过小，为了保证混凝土拌合物具有良好的黏聚性，所采用的水灰比值又不能过大。普通混凝土常用水灰比一般在 0.40～0.75 范围内。

4）其他因素的影响除上述影响因素外，拌合物和易性还受水泥品种、掺合料品种及掺量、骨料种类、粒形及级配、混凝土外加剂以及混凝土搅拌工艺和环境温度等条件的影响。

水泥需水量大者，拌合物流动性较小，使用矿渣水泥时，混凝土保水性较差。使用火山灰水泥时，混凝土黏聚性较好，但流动性较小。

掺合料的品质及掺量对拌合物的和易性有很大影响，当掺入优质粉煤灰时，可改善拌合物的和易性。掺入质量较差的粉煤灰时，往往使拌合物流动性降低。

粗骨料的颗粒较大、粒形较圆、表面光滑、级配较好时，拌合物流动性较大。使用粗砂时，拌合物黏聚性及保水性较差；使用细砂及特细砂时，混凝土流动性较小。混凝土中掺入某些外加剂，可显著改善拌合物的和易性。

拌合物的流动性还受气温高低、搅拌工艺以及搅拌后拌合物停置时间的长短等施工条件影响。对于掺用外加剂及掺合料的混凝土，这些施工因素的影响更为显著。

（4）混凝土拌合物和易性的选择

工程中选择新拌混凝土和易性时，应根据施工方法、结构构件截面尺寸大小、配筋疏密等条件，并参考有关资料及经验等来确定。对截面尺寸较小、配筋复杂的构件，或采用人工插捣时，应选择较大的坍落度。反之，对无筋厚大结构、钢筋配置稀疏易于施工的结构，尽可能选用较小的坍落度。

正确选择新拌混凝土的坍落度，对于保证混凝土的施工质量及节约水泥具有重要意义。在选择坍落度时，原则上应在不妨碍施工操作并能保证振捣密实的条件下，尽可能采用较小的坍落度，以节约水泥并获得质量较好的混凝土。

2. 混凝土的强度

混凝土的强度包括抗压强度、抗拉强度、抗弯强度和抗剪强度等，其中抗压强度最大，故混凝土主要用来承受压力。

（1）混凝土的抗压强度

1）混凝土的立方体抗压强度与强度等级

按照《普通混凝土力学性能试验方法标准》GB/T 50081—2016，制作边长为 150mm 的立方体试件，在标准养护（温度(20±2)℃、相对湿度 95％以上）条件下，养护至 28d 龄期，用标准试验方法测得的极限抗压强度，称为混凝土标准立方体抗压强度，以 f_{cu}表示。

按《混凝土结构设计规范》GB 50010—2010（2015 修订）的规定，在立方体极限抗压强度总体分布中，具有 95％强度保证率的立方体试件抗压强度，称为混凝土立方体抗压强度标准值(以 MPa 即 N/mm^2计)，以 $f_{cu,k}$表示。立方体抗压强度标准值是按数据统计处理方法达到规定保证率的某一数值，它不同于立方体试件抗压强度。

混凝土强度等级是按混凝土立方体抗压强度标准值来划分的，采用符号 C 和立方体抗压强度标准值表示，可划分为 C15、C20、C25、C30、C35、C40、C45、C50、C55、C60、C65、C70、C75、C80 14 个等级。例如，强度等级为 C25 的混凝土，是指 $25MPa \leqslant f_{cu,k} < 30MPa$ 的混凝土。素混凝土结构的混凝土强度等级不应低于 C15；钢筋混凝土结构的混凝土强度等级不应低于 C20；采用强度级别 400MPa 及以上的钢筋时，混凝土强度等级不应低于 C25；承受重复荷载的钢筋混凝土构件，混凝土强度等级不应低于 C30；预应力混凝土结构的混凝土强度等级不宜低于 C40，且不应低于 C30。

测定混凝土立方体试件抗压强度，也可以按粗骨料最大粒径的尺寸选用不同的试件尺寸。但在计算其抗压强度时，应乘以换算系数，以得到相当于标准试件的试验结果。选用边长为100mm的立方体试件，换算系数为0.95，边长为200mm的立方体试件，换算系数为1.05。

采用标准试验方法在标准条件下测定混凝土的强度是为了使不同地区不同时间的混凝土具有可比性。在实际的混凝土工程中，为了说明某一工程中混凝土实际达到的强度，常把试块放在与该工程相同的环境养护（简称同条件养护）按需要的龄期进行测试，作为现场混凝土质量控制的依据。

2）混凝土棱柱体抗压强度

按棱柱体抗压强度的标准试验方法，制成边长为150mm×150mm×300mm的标准试件，在标准条件养护28d，测其抗压强度，即为棱柱体的抗压强度（f_{ck}），通过实验分析，$f_{ck} \approx 0.67 f_{cu,k}$。

3）影响混凝土抗压强度的因素

影响混凝土抗压强度的因素很多，包括原材料的质量（只要是水泥强度等级和骨料品种）、材料之间的比例关系（水灰比、灰水比、骨料级配）、施工方法（拌合、运输、浇筑、养护）以及试验条件（龄期、试件形状与尺寸、试验方法、湿度及温度）等。

①水泥强度等级和水胶比

胶凝材料是混凝土中的活性组分，其强度的大小直接影响着混凝土强度的高低。在配合比相同的条件下，所用的胶凝材料所用的水泥强度等级越高，配制的混凝土强度也越高，当用同一种水泥（品种及强度等级相同）时，混凝土的强度主要取决于水胶比，水胶比愈大，混凝土的强度愈低。这是因为水泥水化时所需的化学结合水，一般只占水泥质量的23%左右，但在实际拌制混凝土时，为了获得必要的流动性，常需要加入较多的水（占水泥质量的40%～70%）。多余的水分残留在混凝土中形成水泡，蒸发后形成气孔，使混凝土密实度降低，强度下降。水胶比大，则水泥浆稀，硬化后的水泥石与骨料黏结力差，混凝土的强度也愈低。但是，如果水胶比过小，拌合物过于干硬，在一定的捣实成型条件下，无法保证浇筑质量，混凝土中将出现较多的蜂窝、孔洞，强度也将下降。试验证明，混凝土强度随水灰比（水与水泥的比值）的增大而降低，呈曲线关系，混凝土强度和灰水比（水泥与水的比值）的关系，则呈直线关系（图 3-5）。

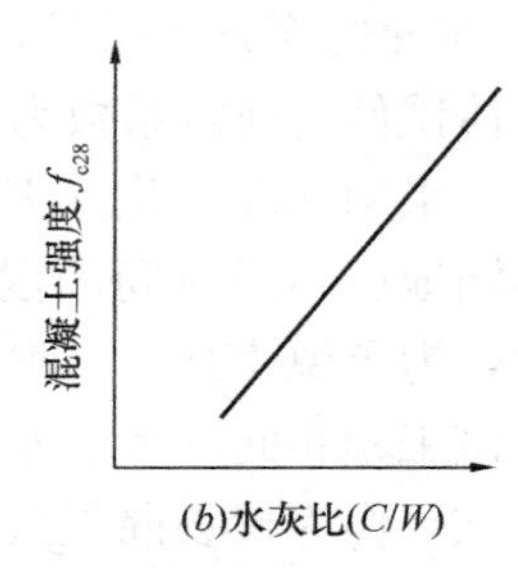

图 3-5 混凝土强度与水灰比的关系

应用数理统计方法，水泥的强度、水灰比、混凝土强度之间的线性关系也可用以下经验公式（强度公式）表示：

$$f_{cu} = a_a \cdot f_{ce}(C/W - a_b) \tag{3-1}$$

式中 f_{cu}——28d 混凝土立方体抗压强度，MPa；

f_{ce}——28d 水泥抗压强度实测值，MPa；

a_a、a_b——回归系数，与骨料品种、水泥品种等因素有关；

C/W——灰水比。

一般水泥厂为了保证水泥的出厂强度等级，其实际强度往往比其强度等级要高。当无法取得水泥 28d 抗强度测值时，可用下式估算：

$$f_{ce} = \gamma_c \cdot f_{ce,g} \tag{3-2}$$

式中 $f_{ce,g}$——水泥强度等级值，MPa；

γ_c——水泥强度等级值的富余系数，可按实际统计资料确定，无资料时取 1.13；

f_{ce}——值也可根据 3d 强度或快测强度推定 28d 强度关系式推定得出。

强度公式适用于流动性混凝土和低流动性混凝土，不适用于干硬性混凝土。对流动性混凝土而言，只有在原材料相同、工艺措施相同的条件下 a_a、a_b 才可视为常数。因此，必须结合工地的具体条件，如施工方法及材料的质量等，进行不同水灰比的混凝土强度试验，求出符合当地实际情况的a_a、a_b，这样既能保证混凝土的质量，又能取得较好的经济效果。若无试验条件，可按《普通混凝土配合设计规程》JGJ 55－2011 提供的经验数值：采用碎石时，$a_a=0.46$，$a_b=0.07$；采用卵石时，$a_a=0.48$，$a_b=0.33$。

强度公式可解决两个问题：一是混凝土配合比设计时，估算应采用的W/C值；二是混凝土质量控制过程中，估算混凝土28d 可以达到的抗压强度。

②骨料的种类与级配

骨料中有害杂质过多且品质低劣时，将降低混凝土的强度。骨料表面粗糙，则与水泥石黏结力较大，混凝土强度高。骨料级配良好、砂率适当，能组成密实的骨架，混凝土强度也较高。

③混凝土外加剂与掺和料

在混凝土中掺入早强剂可提高混凝土早期强度；掺入减水剂可提高混凝土强度；掺入一些掺和料可配制高强度混凝土。详细内容见混凝土外加剂。

④养护温度和温度

混凝土浇筑成型后，所处的环境温度，对混凝土的强度影响很大。混凝土的硬化，在于水泥的水化作用，周围温度升高，水泥水化速度加快，混凝土强度发展也就加快。反之，温度降低时，水泥水化速度降低，混凝土强度发展将相应迟缓。当温度降至冰点以下时，混凝土的强度停止发展，并且由于孔隙内水分结冰而引起膨胀，使混凝土的内部结构遭受破坏。混凝土早期强度低，更容易冻坏。湿度适当时，水泥水化能顺利进行，混凝土强度得到充分发展。如果湿度不够，会影响水泥水化作用的正常进行，甚至停止水化。

因此，混凝土成型后一定时间内必须保持周围环境有一定的温度和湿度，使水泥充分水化，以保证获得较好质量的混凝土。

⑤硬化龄期

混凝土在正常养护条件下，其强度将随着龄期的增长而增长。最初7～14d内，强度增长较快，28d达到设计强度。以后增长缓慢，但若保持足够的温度和湿度，强度的增长将延续几十年。普通水泥制成的混凝土，在标准条件下，混凝土强度的发展大致与其龄期的对数成正比关系（龄期不小于3d），如下式所示：

$$f_{n} = f_{28}\frac{\lg n}{\lg 28} \tag{3-3}$$

式中 f_{n}——n（$n\geqslant 3$）d龄期混凝土的抗压强度，MPa；

f_{28}——28d龄期混凝土的抗压强度，MPa；

$\lg n$、$\lg 28$——n和28的常用对数。

根据上述经验公式可由已知龄期的混凝土强度，估算其他龄期的强度。

⑥施工工艺

混凝土的施工工艺包括配料、拌合、运输、浇筑、养护等工序，每一道工序对其质量都有影响。若配料不准确，误差过大；搅拌不均匀；拌合物运输过程中产生离析；振捣不密实；养护不充分等均会降低混凝土强度。因此，在施工过程中，一定要严格遵守施工规范，确保混凝土的强度。

3. 混凝土的抗拉强度

混凝土在直接受拉时，很小的变形就会开裂，它在断裂前没有残余变形，是一种脆性破坏。混凝土的抗拉强度一般为抗压强度的1/10～1/20。

4. 混凝土的抗裂性

（1）混凝土的裂缝

混凝土的开裂主要是由于混凝土中拉应力超过了抗拉强度，或者说是由于拉伸应变达到或超过了极限拉伸值而引起的。

混凝土的干缩、降温冷缩及自身体积收缩等收缩变形，受到基础及周围环境的约束时（称此收缩为限制收缩），在混凝土内引起拉应力，并可能引起混凝土的裂缝。例如配筋较多的大尺寸板梁结构、与基础嵌固很牢的路面或建筑物底板、在老混凝土间填充的新混凝土等。混凝土内部温度升高或因膨胀剂作用，使混凝土产生膨胀变形。当膨胀变形受外界约束时（称此变形为自由膨胀），也会引起混凝土裂缝。

大体积混凝土发生裂缝的原因有干缩性和温度应力两方面，其中温度应力是最主要的因素。在混凝土浇筑初期，水泥水化放热，使混凝土内部温度升高，产生内表温差，在混凝土表面产生拉应力，导致表面裂缝，当气温骤降时，这种裂缝更易发生。在硬化后期，混凝土温度逐渐降低而发生收缩，此时混凝土若受到基础环境的约束，会产生深层裂缝。

此外，结构物受荷过大或施工方法欠合理以及结构物基础不均匀沉陷等都可能导致混凝土开裂。

（2）混凝土抗裂性指标

混凝土为脆性材料，抗裂能力较低。评定混凝土抗裂强度有多种，现仅对常用的几种作简单介绍。

1）混凝土极限拉伸（ε_p）：混凝土轴心拉伸时，断裂前最大伸长应变称为极限拉伸。在其他条件相同时，混凝土极限拉伸值越大，抗裂性越强。

2）抗裂度（D）：极限拉伸与混凝土温度变形系数之比（单位为℃）。也即以温度（℃）量度的极限拉伸。抗裂度越大，混凝土抗裂性越强。

3）热强比（H/R）：某龄期单位体积混凝土发热量与抗拉强度之比（$J/m^3/MPa$）。混凝土发热量是产生温度应力的主要原因，发热量小，温度应力小。抗拉强度是防止开裂的主要原因。因此，混凝土热强度较小，抗裂性较强。

4）抗裂性系数（CR）；以止裂作用的极限拉伸与起裂作用的热变形值之比作为抗裂性系数（CR）。CR 值越大，抗裂性越好。

5. 混凝土的耐久性

硬化后的混凝土除了具有设计要求的强度外，还应具有与所处环境相适应的耐久性，混凝土的耐久性是指混凝土抵抗环境条件的长期作用，并保持其稳定良好的使用性能和外观完整性，从而维持混凝土结构安全、正常使用的能力。

混凝土的耐久性是一个综合性概念，包括抗渗、抗冻、抗侵蚀、抗碳化、抗磨性、抗碱-骨料反应等性能等。

(1) 混凝土的抗渗性

抗渗性是指混凝土抵抗压力水、油等液体渗透的性能。混凝土的抗渗性主要与其密实及内部孔隙的大小和构造有关。

混凝土的抗渗性用抗渗等级（P）表示，即以28d龄期的标准试件，按标准试验方法进行试验时所能承受的最大水压力（MPa）来确定。混凝土的抗渗等级可划分为P2、P4、P6、P8、P10、P12六个等级，相应表示混凝土抗渗试验时一组六个试件中四个试件未出现渗水时的最大水压力分别为0.2MPa、0.4MPa、0.6MPa、0.8MPa、1.0MPa、1.2MPa。

提高混凝土抗渗性能的措施有：提高混凝土的密实度，改善孔隙构造，减少渗水通道；减小水灰比；掺加引气剂；选用适当品种的水泥；注意振捣密实、养护充分等。

(2) 混凝土的抗冻性

混凝土的抗冻性是指混凝土在水饱和状态下能经受多次冻融循环而不破坏，同时强度也不严重降低的性能。混凝土受冻后，混凝土中水分受冻结冰，体积膨胀，当膨胀力超过其抗拉强度时，混凝土将产生微细裂缝，反复冻融使裂缝不断扩展，混凝土强度降低甚至破坏，影响建筑物的安全。

混凝土的抗冻性以抗冻等级（F）表示。抗冻等级按28d龄期的试件用快冻试验方法测定，分为F50、F100、F150、F200、F300、F400等六个等级，相应表示混凝土抗冻性试验能经受50、100、150、200、300、400次的冻融循环。

影响混凝土抗冻性能的因素主要有水泥品种、强度等级、水灰比、骨料的品质等。提高混凝土抗冻性的最主要的措施是：提高混凝土密实度；减小水灰比；掺加外加剂；严格控制施工质量，注意捣实，加强养护等。

（3）混凝土的抗侵蚀性

混凝土在外界侵蚀性介质（软水，含酸、盐水等）作用下，结构受到破坏、强度降低的现象称为混凝土的侵蚀。混凝土侵蚀的原因主要是外界侵蚀性介质对水泥石中的某些成分（氢氧化钙、水化铝酸钙等）产生破坏作用所致。

（4）提高混凝土耐久性的主要措施

1）严格控制水胶比。水胶比的大小是影响混凝土密实性的主要因素，为保证混凝土耐久性，必须严格控制水胶比。

《混凝土结构设计规范》GB 50010—2010 规定设计使用年限为 50 年的混凝土结构，其混凝土材料宜符合表 3-1 的规定，设计使用年限超过 50 年的要求更高一些。

结构混凝土材料的耐久性基本要求　　　　表 3-1

环境等级	最大水胶比	最低强度等级	最大氯离子含量（%）	最大碱含量（kg/m^3）
一	0.60	C20	0.30	不限制
二 a	0.55	C25	0.20	3.0
二 b	0.50（0.55）	C30（C25）	0.15	
三 a	0.45（0.50）	C35（C30）	0.15	
三 b	0.40	C40	0.10	

注：1　氯离子含量系指其占胶凝材料总量的百分比；

2　预应力构件混凝土中的最大氯离子含量为 0.06%；其最低混凝土强度等级宜按表中的规定提高两个等级；

3　素混凝土构件的水胶比及最低强度等级的要求可适当放松；

4　有可靠工程经验时，二类环境中的最低混凝土强度等级可降低一个等级；

5　处于严寒和寒冷地区二 b、三 a 类环境中的混凝土应使用引气剂，并可采用括号中的有关参数；

6　当使用非碱活性骨料时，对混凝土中的碱含量可不作限制。

混凝土结构暴露的环境类别应按表 3-2 的要求划分。

混凝土结构的环境类别　　表 3-2

环境类别	条　　件
一	室内干燥环境； 无侵蚀性静水浸没环境
二 a	室内潮湿环境； 非严寒和非寒冷地区的露天环境； 非严寒和非寒冷地区与无侵蚀性的水或土壤直接接触的环境； 严寒和寒冷地区的冰冻线以下与无侵蚀性的水或土壤直接接触的环境
二 b	干湿交替环境； 水位频繁变动环境； 严寒和寒冷地区的露天环境； 严寒和寒冷地区冰冻线以上与无侵蚀性的水或土壤直接接触的环境
三 a	严寒和寒冷地区冬季水位变动区环境； 受除冰盐影响环境； 海风环境
三 b	盐渍土环境； 受除冰盐作用环境； 海岸环境
四	海水环境
五	受人为或自然的侵蚀性物质影响的环境

注：1　室内潮湿环境是指构件表面经常处于结露或湿润状态的环境；

2　严寒和寒冷地区的划分应符合现行国家标准《民用建筑热工设计规范》GB 50176 的有关规定；

3　海岸环境和海风环境宜根据当地情况，考虑主导风向及结构所处迎风、背风部位等因素的影响，由调查研究和工程经验确定；

4　受除冰盐影响环境是指受到除冰盐盐雾影响的环境；受除冰盐作用环境是指被除冰盐溶液溅射的环境以及使用除冰盐地区的洗车房、停车楼等建筑。

5　暴露的环境是指混凝土结构表面所处的环境。

有关规范根据工程条件，规定了“最小胶凝材料用量”（参看表 3-3）。

最小胶凝材料用量 **表 3-3**

最大水胶比	最小胶凝材料用量（kg/m^3）		
	素混凝土	钢筋混凝土	预应力混凝土
0.60	250	280	300
0.55	280	300	300
0.50	320		
≤0.45	330		

2）混凝土所用材料的品质，应符合规范的要求。

3）合理选择骨料级配。可使混凝土在保证和易性要求的条件下，减少水泥用量，并有较好的密实性。这样不仅有利于混凝土耐久性而且也较经济。

4）掺用减水剂及引气剂。可减少混凝土用水量及水泥用量，改善混凝土孔隙构造。这是提高混凝土抗冻性及抗渗性的有力措施。

5）保证混凝土施工质量。在混凝土施工中，应做到搅拌透彻、浇筑均匀、振捣密实、加强养护，以保证混凝土耐久性。

（三）混凝土配合比

混凝土配合比是指混凝土中各组成材料（水泥、掺合料、水、砂、石）用量之间的比例关系。常用的表示方法有两种：①以每立方米混凝土中各项材料的质量表示，如胶凝材料 300kg、水 180kg、砂 720kg、石子 1200kg；②以水泥质量为 1 的各项材料相互间的质量比及水胶比来表示。将上例换算成质量比为胶凝材料∶砂∶石＝1∶2.4∶4，水胶比＝0.60。

1. 混凝土配合比设计的基本要求

设计混凝土配合比的任务，就是要根据原材料的技术性能及施工条件，确定出能满足工程所要求的各项技术指标并符合经济原则的各项组成材料的用量。混凝土配合比设计的基本要求是：

（1）满足混凝土结构设计所要求的强度等级。

（2）满足施工所要求的混凝土拌合物的和易性。

（3）满足混凝土的耐久性（如抗冻等级、抗渗等级和抗侵蚀性等）。

（4）在满足各项技术性质的前提下，使各组成材料经济合理，尽量做到节约水泥和降低混凝土成本。

2. 混凝土配合比设计的三个参数及确定原则

（1）水胶比（W/B）

水胶比是混凝土中水与胶凝材料质量的比值，是影响混凝土强度和耐久性的主要因素。其确定原则是在满足强度和耐久性的前提下，尽量选择较大值，以节约水泥。

（2）砂率（β_s）

砂率是指砂子质量占砂石总质量的百分率。砂率是影响混凝土拌合物和易性的重要指标。砂率的确定原则是在保证混凝土拌合物黏聚性和保水性要求的前提下，尽量取小值。

（3）单位用水量

单位用水量是指 $1m^3$ 混凝土的用水量，反映混凝土中水泥浆与骨料之间的比例关系。在混凝土拌合物中，水泥浆的多少显著影响混凝土的和易性，同时也影响其强度和耐久性。其确定原则是在达到流动性要求的前提下取较小值。

水灰比、砂率、单位用水量是混凝土配合比设计的三个重要参数。

3. 混凝土配合比设计的方法步骤

（1）配合比设计的基本资料

1）明确设计所要求的技术指标，如强度、和易性、耐久性等。

2）合理选择原材料，并预先检验，明确所用原材料的品质及技术性能指标，如水泥品种及强度等级、密度等；砂的细度模数及级配；石子种类、最大粒径及级配；是否掺用外加剂及掺和料等。

（2）配合比的计算

1）确定混凝土配制强度（$f_{cu,o}$）；

2）确定水胶比（W/B）；

3）确定用水量和外加剂用量；

4）确定胶凝材料、矿物掺合料和水泥用量；

5）确定砂率；

6）粗、细骨料用量。

（3）试配、调整，确定基准配合比

采用工程中实际采用的原材料及搅拌方法，按初步配合比计算出配制 15～30L 混凝土的材料用量，拌制成混凝土拌合物。首先通过试验测定坍落度，同时观察黏聚性和保水性。若不符合要求，应进行调整。调整原则如下：若流动性太大，可在砂率不变的条件下，适当增加砂、石用量；若流动性太小，应在保持水灰比不变的条件下，增加适量的水和水泥；黏聚性和保水性不良时，实质上是混凝土拌合物中砂浆不足或砂浆过多，可适当增大砂率或适当降低砂率，调整到和易性满足要求时为止。当试拌调整工作完成后，应测出混凝土拌合物的体积密度（ρ_{cp}），重新计算出每立方米混凝土的各项材料用量，即为供混凝土强度试验用的基准配合比。

经过和易性调整试验得出的混凝土基准配合比，满足了和易性的要求，但其水灰比不一定选用恰当，混凝土的强度不一定符合要求，故应对混凝土强度进行复核。

（4）强度复核，确定实验室配合比

采用三个不同水灰比的配合比，其中一个是基准配合比，另两个配合比的水灰比则分别比基准配合比增加及减少 0.05，其用水量与基准配合比相同，砂率值可分别增加或减少 1%。每种配合比至少制作一组（三块）试件，每一组都应检验相应配合比拌合物的和易性及测定表观密度，其结果代表这一配合比的混凝土拌合物的性能，将试件标准养护至 28d 时试压，得出相应的强度。

由试验所测得混凝土强度与相应的灰水比作图或计算，求出与混凝土配制强度（$f_{cu,o}$）相对应的灰水比。最后按以下原则确定 $1m^3$ 混凝土拌合物的各材料用量，即为实验室配合比。

（5）混凝土施工配合比的确定

混凝土的实验室配合比所用砂、石是以干燥状态为标准计量的，且不含有超、逊径。但施工时，实际工地上存放的砂、石都含有一定的水分，并常存在一定数量的超、逊径颗粒。所以，在施工现场，应根据骨料的实际情况进行调整，将实验室配合比换算为施工配合比。

四、混凝土施工机具

（一）混凝土搅拌机

1. 混凝土称量

混凝土配料称量的设备，有简易称量（地磅）、电动磅秤、自动配料杠杆秤、电子秤、配水箱及定量水表。

（1）简易称量

当混凝土拌制量不大，可采用地磅称量。它是将地磅安装在地槽内，用手推车装运材料推到地磅上进行称量。这种方法最简便，但称量速度较慢。台秤称量需配置称料斗、贮料斗等辅助设备。称料斗安装在台秤上，骨料能由贮料斗迅速落入，故称量时间较快，但贮料斗承受骨料的重量大，结构较复杂。贮料斗的进料可采用皮带机、卷扬机等提升设备。

（2）电动磅秤

电动磅秤是简单的自控计量装置，每种材料用一台装置。给料设备下料至主称量料斗，达到要求重量后即断电停止供料，称量料斗内材料卸至皮带机送至集料斗。

（3）自动配料杠杆秤

自动配料杠杆秤带有配料装置和自动控制装置。

（4）电子秤

电子秤是通过传感器承受材料重力拉伸，输出电信号在标尺上指出荷重的大小，当指针与预先给定数据的电接触点接通时，即断电停止给料，同时继电器动作，称料斗斗门打开向集料斗供料。

（5）配水箱及定量水表

水和外加剂溶液可用配水箱和定量水表计量。配水箱是搅拌机的附属设备，可利用配水箱的浮球刻度尺控制水或外加剂溶液的投放量。定量水表常用于大型搅拌楼，使用时将指针拨至每盘搅拌用水量刻度上，按电钮即可送水，指针也随进水量回移，至零位时电磁阀即断开停水。此后，指针能自动复位至设定的位置。

称量设备一般要求精度较高，而其所处的环境粉尘较大，因此应经常检查调整，及时清除粉尘。一般要求每班检查一次称量精度。

以上给料设备、称量设备、卸料装置一般通过继电器联锁动作，实行自动控制。

2. 拌合机械

拌合机械有自落式和强制式两种，见表 4-1。

混凝土搅拌机的类型 **表 4-1**

自落式		强制式			
双锥式		立轴式			卧轴式（单轴双轴）
反转出料	倾翻出料	涡桨式	行星式		
			定盘式	盘转式	
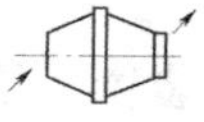	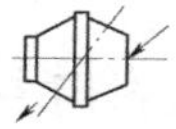		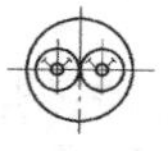	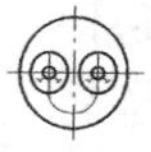	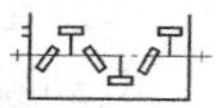

（1）自落式混凝土搅拌机

自落式搅拌机是通过筒身旋转，带动搅拌叶片将物料提高，在重力作用下物料自由坠下，反复进行，互相穿插、翻拌、混合使混凝土各组分搅拌均匀的。

① 锥形反转出料搅拌机

锥形反转出料搅拌机是中、小型建筑工程常用的一种搅拌机，正转搅拌，反转出料。由于搅拌叶片呈正、反向交叉布置，拌合料一方面被提升后靠自落进行搅拌，另一方面又被迫沿轴向作左右窜动，搅拌作用强烈。

锥形反转出料搅拌机，如图 4-1 所示，它主要由上料装置、搅拌筒、传动机构、配水系统和电气控制系统等组成，当混合料拌好以后，可通过按钮直接改变搅拌筒的旋转方向，拌合料即可经出料叶片排出。

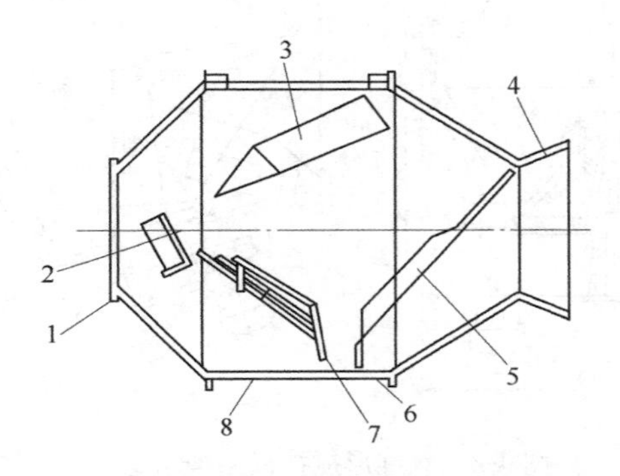

图 4-1 锥形反转出料搅拌机的搅拌筒

1—进料口；2—挡料叶片；3—主搅拌叶片；4—出料口；5—出料叶片；6—滚道；7—副叶片；8—搅拌筒身

② 双锥形倾翻出料搅拌机

双锥形倾翻出料搅拌机进出料在同一口，出料时由气动倾翻装置使搅拌筒下旋 50°～60°，即可将物料卸出，如图 4-2 所示。双锥形倾翻出料搅拌机卸料迅速，拌筒容积利用系数高，拌合物的提升速度低，物料在拌筒内靠滚动自落而搅拌均匀，能耗低，磨损小，能搅拌大粒径骨料混凝土。主要用于大体积混凝土工程。

(2) 强制式混凝土搅拌机

强制式混凝土搅拌机一般筒身固定，搅拌机片旋转，对物料施加剪切、挤压、翻滚、滑动、混合使混凝土各组分搅拌均匀。

① 涡桨强制式搅拌机

涡桨强制式搅拌机是在圆盘搅拌筒中装一根回转轴，轴上装有拌合铲和刮板，随轴一同旋转，如图 4-3 所示。它用旋转着的

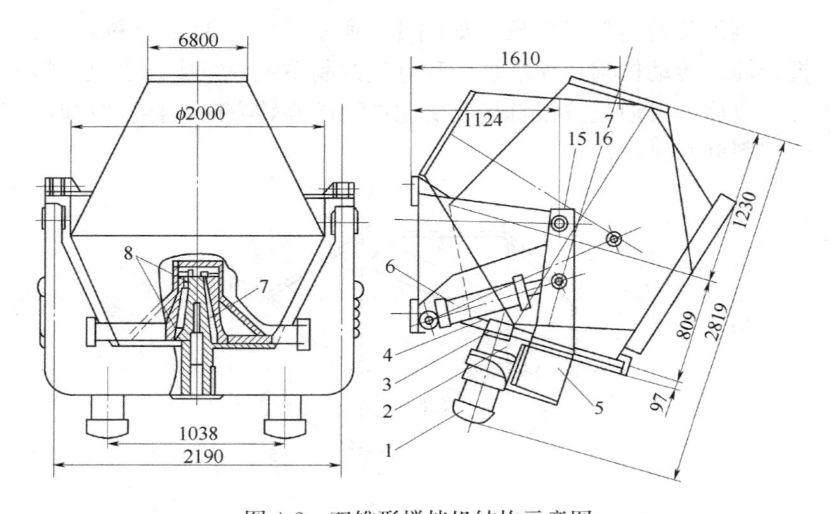

图 4-2　双锥形搅拌机结构示意图

1—电机；2—行星摆线减速器；3—小齿轮；4—倾翻机架；5—机架；6—倾翻气缸；7—锥行轴；8—单列圆锥滚柱轴承

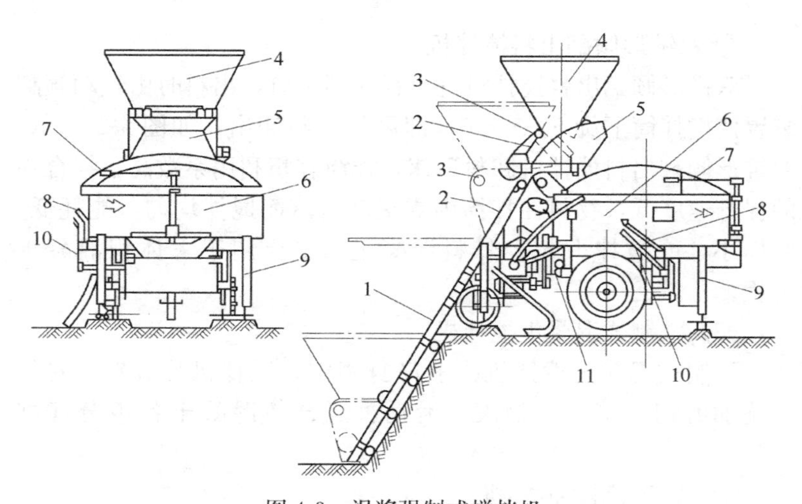

图 4-3　涡桨强制式搅拌机

1—上料轨道；2—上料斗底座；3—铰链轴；4—上料斗；5—进料口；6—搅拌筒；7—卸料手柄；8—料斗下降手柄；9—撑脚；10—上料手柄；11—给水手柄

叶片，将装在搅拌筒内的物料强行搅拌使之均匀。涡桨强制式搅拌机由动力传动系统、上料和卸料装置、搅拌系统、操纵机构和机架等组成。

② 单卧轴强制式混凝土搅拌机

单卧轴强制式混凝土搅拌机的搅拌轴上装有两组叶片，两组推料方向相反，使物料既有圆周方向运动，也有轴向运动，因而能形成强烈的物料对流，使混合料能在较短的时间内搅拌均匀。它由搅拌系统、进料系统、卸料系统和供水系统等组成，如图4-4所示。

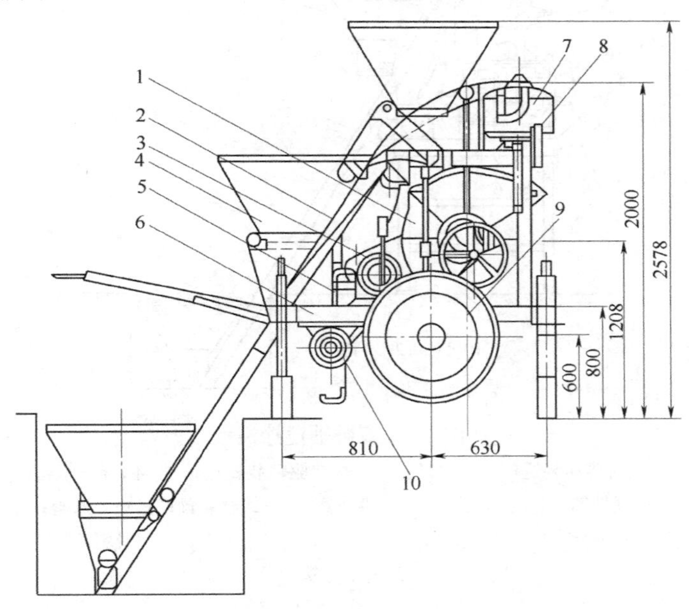

图4-4　单卧轴强制式搅拌机（单位：mm）

1—搅拌装置；2—上料架；3—料斗操纵手柄；4—料斗；5—水泵；6—底盘；7—水箱；8—供水装置操作手柄；9—车轮；10—传动装置

③ 双卧轴强制式混凝土搅拌机

双卧轴强制式混凝土搅拌机，如图4-5所示。它有两根搅拌轴，轴上布置有不同角度的搅拌叶片，工作时两轴按相反的方向同步相对旋转。由于两根轴上的搅拌铲布置位置不同，螺旋线方向相反，于是被搅拌的物料在筒内既有上下翻滚的动作，也有沿轴向的来回运动，从而增强了混合料运动的剧烈程度，因此搅拌效果更好。双卧轴强制式混凝土搅拌机为固定式，其结构基本与单卧式相似。它由搅拌系统、进料系统、卸料系统和供水系统等组成。

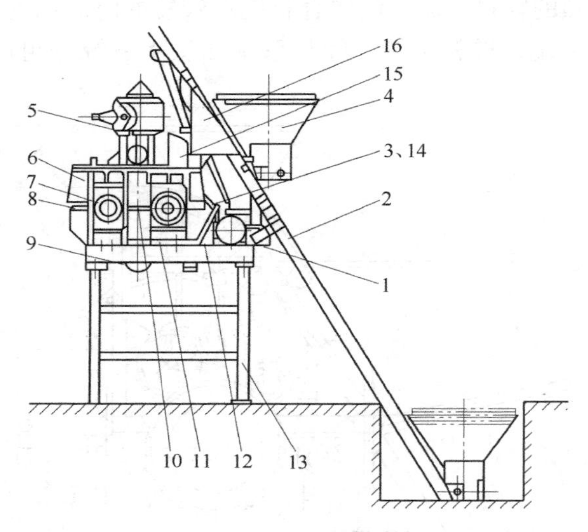

图 4-5 双卧轴搅拌机

1—上料传动装置；2—上料架；3—搅拌驱动装置；4—料斗；5—水箱；6—搅拌筒；7—搅拌装置；8—供油器；9—卸料装置；10—三通阀；11—操纵杆；12—水泵；13—支承架；14—罩盖；15—受料斗；16—电气箱

3. 混凝土搅拌机的使用

（1）混凝土搅拌机的安装

1）搅拌机的运输

搅拌机运输时，应将进料斗提升到上止点，并用保险铁链锁住。轮胎式搅拌机的搬运可用机动车拖行，但其拖行速度不得超过 15km/h。如在不平的道路上行驶，速度还应降低。

2）搅拌机的安装

按施工组织设计确定的搅拌机安放位置，根据施工季节情况搭设搅拌机工作棚，棚外应挖有排除清洗搅拌机废水的排水沟，能保持操作场地的整洁。

固定式搅拌机，应安装在牢固的台座上。当长期使用时，应埋置地脚螺栓；如短期使用，可在机座下铺设木枕并找平放稳。

轮胎式搅拌机，应安装在坚实平整的地面上，全机重量应由四个撑脚负担而使轮胎不受力，否则机架在长期荷载作用下会发生变形，造成连接件扭曲或传动件接触不良而缩短搅拌机使用寿命。当搅拌机长期使用时，为防止轮胎老化和腐蚀，应将轮胎卸下另行保管。机架应以枕木垫起支牢，进料口一端抬高 3～5cm，以适应上料时短时间内所造成的偏重。轮轴端部用油布包好，以防止灰土泥水侵蚀。

某些类型的搅拌机须在上料斗的最低点挖上料地坑，上料轨道应伸入坑内，斗口与地面齐平，斗底与地面之间加一层缓冲垫木，料斗上升时靠滚轮在轨道中运行，并由斗底向搅拌筒中卸料。

按搅拌机产品说明书的要求进行安装调试，检查机械部分、电气部分、气动控制部分等是否能正常工作，见表 4-2。

（2）搅拌机的使用

1）搅拌机使用前的检查

搅拌机使用前应按照“十字作业法”（清洁、润滑、调整、紧固、防腐）的要求检查离合器、制动器、钢丝绳等各个系统和部位，是否机件齐全、机构灵活、运转正常，见表 4-3，并按规定位置加注润滑油脂。检查电源电压，电压升降幅度不得超过搅拌电气设备规定的 5%。随后进行空转检查，检查搅拌机旋转方向是否与机身箭头一致，空车运转是否达到要求值。供水系统的水压、水量满足要求。在确认以上情况正常后，搅拌筒内加清水搅拌 3min 然后将水放出，再可投料搅拌。

搅拌机正常运转的技术条件　　表 4-2

序号	项目	技术条件
1	安装	撑脚应均匀受力，轮胎应架空。如预计使用时间较长时，可改用枕木或砌体支承。固定式的搅拌机，应安装在固定基础上，安装时按规定找平
2	供水	放水时间应小于搅拌时间全程的 50％
3	上料系统	1. 料斗载重时，卷扬机能在任何位置上可靠地制动 2. 料斗及溜槽无材料滞留 3. 料斗滚轮与上料轨道密合，行走顺畅 4. 上止点有限位开关及挡车 5. 钢丝绳无破损，表面有润滑脂
4	搅拌系统	1. 传动系统运转灵活，无异常音响，轴承不发热 2. 液压部件及减速箱不漏油 3. 鼓筒、出浆门、搅拌轴轴端，不得有明显的漏浆 4. 搅拌筒内、搅拌叶无浆渣堆积 5. 经常检查配水系统
5	出浆系统	每拌出浆的残留量不大于出料容量的 5％
6	紧固件	完整、齐全、不松动
7	电路	线头搭接紧密，有接地装置、漏电开关

混凝土搅拌前对设备的检查　　表 4-3

序号	设备名称	检查项目
1	送料装置	1. 散装水泥管道及气动吹送装置 2. 送料拉铲、皮带、链斗、抓斗及其配件 3. 上述设备间的相互配合
2	计量装置	1. 水泥、砂、石子、水、外加剂等计量装置的灵活性和准确性 2. 称量设备有无阻塞 3. 盛料容器是否粘附残渣，卸料后有无滞留 4. 下料时冲量的调整
3	搅拌机	1. 进料系统和卸料系统的顺畅性 2. 传动系统是否紧凑 3. 筒体内有无积浆残渣，衬板是否完整 4. 搅拌叶片的完整和牢靠程度

2）开盘操作

在完成上述检查工作后，即可进行开盘搅拌，为不改变混凝土设计配合比，补偿粘附在筒壁、叶片上的砂浆，第一盘应减少石子约30%，或多加水泥、砂各15%。

3）正常运转

① 投料顺序普通混凝土一般采用一次投料法或两次投料法。一次投料法是按砂（石子）——水泥——石子（砂）的次序投料，并在搅拌的同时加入全部拌合水进行搅拌；二次投料法是先将石子投入拌合筒并加入部分拌合用水进行搅拌，清除前一盘拌合料粘附在筒壁上的残余，然后再将砂、水泥及剩余的拌合用水投入搅拌筒内继续拌合。

② 搅拌时间混凝土搅拌质量直接和搅拌时间有关，搅拌时间应满足表4-4的要求。

混凝土搅拌的最短时间（单位：s） **表4-4**

混凝土坍落度（cm）	搅拌机机型	搅拌机容量（L）		
		<250	250～500	>500
≤3	强制式	60	90	120
	自落式	90	120	150
>3	强制式	60	60	90
	自落式	90	90	120

注：掺有外加剂时，搅拌时间应适当延长。

③ 操作要点搅拌机操作要点见表4-5。

搅拌机操作要点 **表4-5**

序号	项目	操作要点
1	进料	1. 应防止砂、石落入运转机构 2. 进料容量不得超载 3. 进料时避免水泥先进，避免水泥粘结机体
2	运行	1. 注意声响，如有异常，应立即检查 2. 运行中经常检查紧固件及搅拌叶，防止松动或变形

续表

序号	项目	操作要点
3	安全	1. 上料斗升降区严禁任何人通过或停留。检修或清理该场地时，用链条或锁门将上料斗扣牢 2. 进料手柄在非工作时或工作人员暂时离开时，必须用保险环扣紧 3. 出浆时操作人员应手不离开操作手柄，防止手柄自动回弹伤人（强制式机更要重视） 4. 出浆后，上料前，应将出浆手柄用安全钩扣牢，方可上料搅拌 5. 停机下班，应将电源拉断，关好开关箱 6. 冬期施工下班，应将水箱、管道内的存水排清
4	停电或机械故障	1. 快硬、早强、高强混凝土，及时将机内拌合物掏清 2. 普通混凝土，在停拌 45min 内将拌合物掏清 3. 缓凝混凝土，根据缓凝时间，在初凝前将拌合物掏清 4. 掏料时，应将电源拉断，防止突然来电

④ 搅拌质量检查混凝土拌合物的搅拌质量应经常检查，混凝土拌合物颜色均匀一致，无明显的砂粒、砂团及水泥团，石子完全被砂浆所包裹，说明其搅拌质量较好。

4. 混凝土搅拌机的维护保养

每班作业后应对搅拌机进行全面清洗，并在搅拌筒内放入清水及石子运转 10～15min 后放出，再用竹扫帚洗刷外壁。搅拌筒内不得有积水，以免筒壁及叶片生锈，如遇冰冻季节应放尽水箱及水泵中的存水，以防冻裂。

每天工作完毕后，搅拌机料斗应放至最低位置，不准悬于半空。电源必须切断，锁好电闸箱，保证各机构处于空位。

（二）混凝土搅拌楼（站）

搅拌机仅仅是对原材料进行搅拌，而从原材进入、贮存、混凝土搅拌、输出配料等一系列工序，要由混凝土工厂来承担。立式布置的混凝土工厂习惯上称搅拌（拌合）楼，水平布置的称搅拌（拌合）站。搅拌站既可是固定式，也可作成移动式。搅拌楼布置紧凑，占地面积小，生产能力高，易于隔热保温，适合大型工程大量混凝土生产。搅拌站便于安装、搬迁，适于量少、分散、使用时间短的工程项目。

1. 混凝土搅拌楼（站）分类

搅拌楼可以有很多种类，主要有周期式生产和连续式两大类，各可配置自落式和强制式搅拌机，按楼、站设置。主机的台数、布置的方式、结构形式、是否进行预冷和隔热、进出料方式和方向，可以根据需要设计配置。如图 4-6～图 4-8 所示。

2. 混凝土搅拌楼（站）的控制系统

（1）控制系统

混凝土搅拌楼（站）基本上都采用电子秤，微机全自动控制。主要有微机全自动控制系统、电子秤式（分布式）微机控制系统两种。目前国产搅拌楼较多的采用全自动微机控制系统。

全自动微机控制系统。微机系统采用两台工控机，运行可靠、抗干扰能力强、可在恶劣环境下运行。微机专用线路供电，经稳压和净化处理和强电地线分离，电源稳定。控制信号由继电器隔离，切断干扰信号，保证系统运行可靠。

微机软件采用多任务开发环境，采用大屏幕 CRT，可在同一屏幕上开设多个窗口，可显示各执行元件及计量秤料位变化和搅拌机状态等，多任务同时执行。简化了操作过程，提高了生产效率。控制软件含有多种自检功能，可检测微机运行状态和搅拌机故障，有利于操作和维修。微机控制台的外形和布置如图 4-9 所示。

微机控制系统的主要功能有：对进料、计量、卸料、搅拌合混凝土出料的全过程自动控制；多任务多用户管理，用户数量不限；显示，打印报表完全汉化；搅拌时间和卸料时间，分批卸料，卸料顺序等均可窗口设置，随时可调；计量，卸料过程中仓门，秤斗门及秤斗内料位变化均可动态模拟显示；各种计量设定

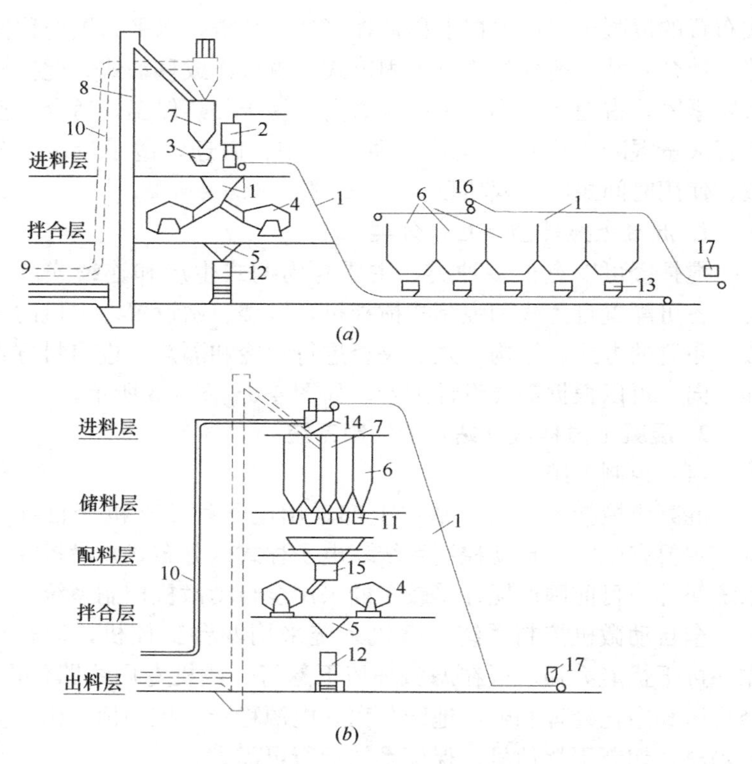

图 4-6　混凝土搅拌楼布置

(*a*) 双阶式；(*b*) 单阶式

1—皮带机；2—水箱及量水器；3—水泥料斗及磅秤；4—搅拌机；5—出料斗；6—骨料仓；7—水泥仓；8—斗式提升机；9—螺旋输送机；10—风动水泥管道；11—集料斗；12—混凝土吊罐；13—配料器；14—回转漏斗；15—回转式喂料器；16—卸料小车；17—进料斗

值，计量值、计量误差、需方量和生产量的动态显示；根据需要打印每盘混凝土的生产数据；显示和（或）打印任一时间内的生产和用户表报，记录生产数据，人工和自动转存（档）盘；计量提前量的动态自动调整；进、出料层工业电视监视；骨料仓温度的自动检测（巡检）；砂含水率的自动检测，水和砂量的自动或人工补偿；可为用户提供网络调度和管理接口。

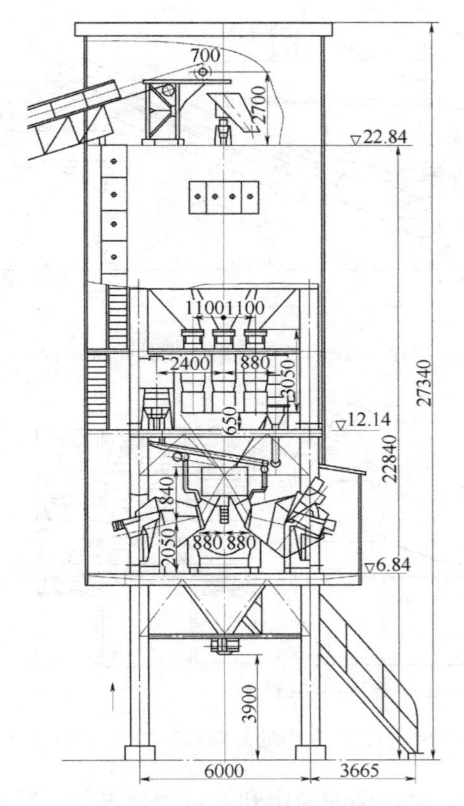

图 4-7　3×1.5m³ 自落式搅拌楼（单位：mm）

通过巡回检测仪可将各检测点传感器检测到的温度信号，传送给预冷控制系统，调整制冷参数，实现混凝土的出机口温度控制等。

（2）搅拌楼的控制和指示仪表

搅拌楼的控制和指示仪表主要有：砂含水率测定，料位计，温度检测，坍落度测定，传感器等。

微波含水率测定仪。按我国现行规范，要求砂的含水率控制在6%以下。实际上含水率受气候、堆存条件和时间的影响，很难达到这个指标。更重要的是不易稳定。每立方米混凝土砂中的含水量常在30～40kg以上，几乎占实际需水量的40%多。为保

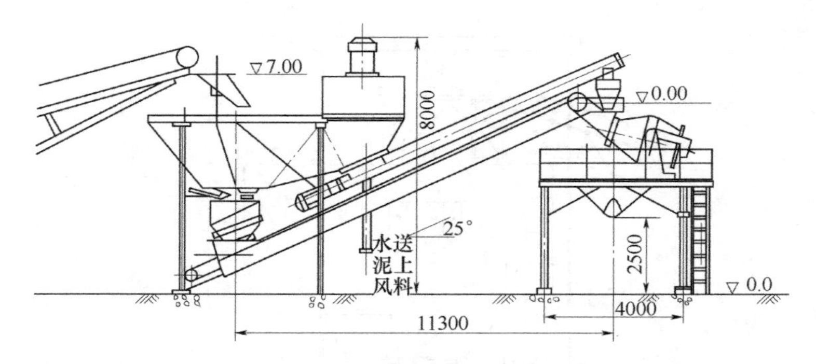

图 4-8　HZ20-1F750I 型混凝土搅拌站（单位：mm）

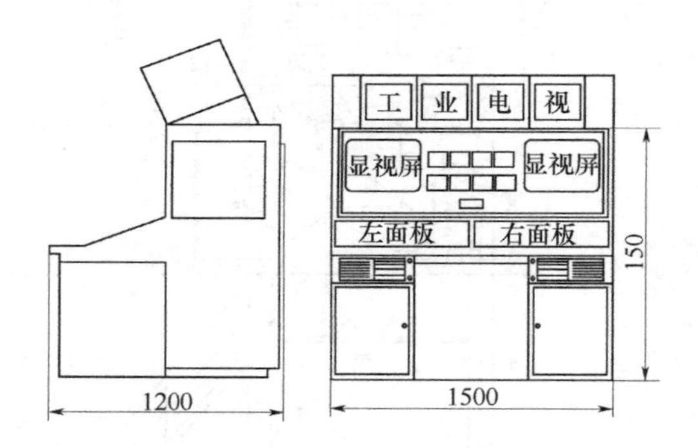

图 4-9　微机控制台的外形和布图（单位：mm）

证混凝土质量，含水率的稳定和测定十分重要。目前含水率测定仪精度高，可靠性好的要属微波含水率测定仪。图 4-10 是含水

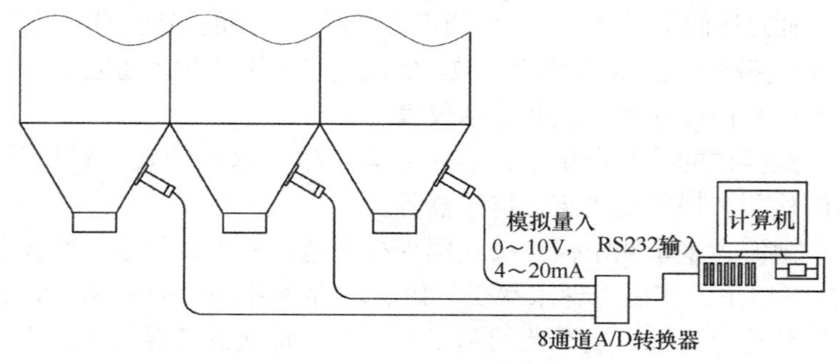

图 4-10　含水率测定仪的典型配置

率测定仪的典型配置。

微波式测定仪用于含水率变化在0～20%的范围内。插入砂仓深度75～100mm，测定温度范围0～60℃（不能在冻结的物料中工作），每秒更新数据约25次，因此可测定流动的连续料流。

料位计。搅拌楼贮仓的料位计有接触式和非接触式两类，接触式料位计易被物料损坏，已基本淘汰。非接触式主要有电容式、雷达式和超声波等料位测量仪，现已广泛采用非接触式超声波料位测量仪，超声波料位计的优点有：超声波料位计，精度高达量程的60.1%，而且安全可靠；测量不受被测物料的密度，介电常数和导电性能的影响；可连续测量料位，其附带软件可进行线性化处理，不仅可用长度（m），重量（kg）和容积（m^3）等工程单位来显示，而且还可用于非线性容器的容积测量。

（三）混凝土搅拌车

混凝土搅拌运输车（图4-11）是运送混凝土的专用设备。

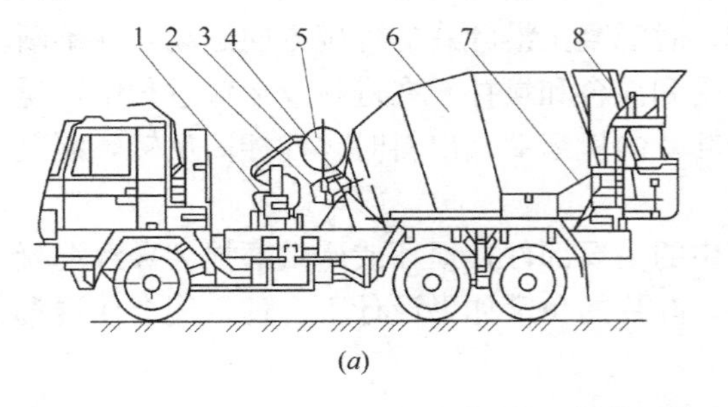

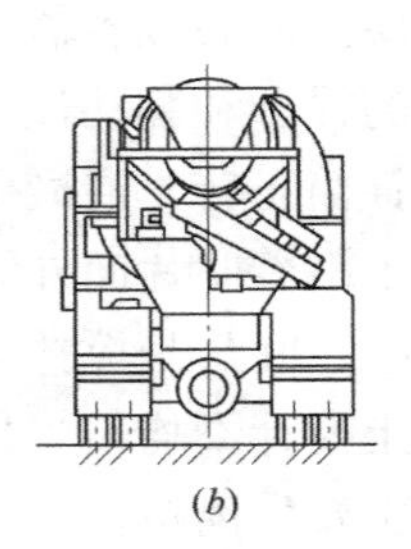

图4-11　混凝土搅拌运输车

(a) 侧视图；(b) 后视图

1—泵连接组件；2—减速机总成；3—液压系统；4—机架；5—供水系统；6—搅拌筒；7—操纵系统；8—进出料装置

1. 构造

（1）取力装置

国产混凝土搅拌运输车采用主车发动机取力方式。取力装置的作用是通过操纵取力开关将发动机动力取出，经液压系统驱动搅拌筒，搅拌筒在进料和运输过程中正向旋转，以利于进料和对混凝土进行搅拌，在出料时反向旋转，在工作终结后切断与发动机的动力连接。

（2）液压系统

将经取力器取出的发动机动力，转化为液压能（排量和压力），再经马达输出为机械能（转速和扭矩），为搅拌筒转动提供动力。

（3）减速机

将液压系统中马达输出的转速减速后，传给搅拌筒。

（4）操纵机构

1）控制搅拌筒旋转方向，使之在进料和运输过程中正向旋转，出料时反向旋转。

2）控制搅拌筒的转速。

（5）搅拌装置

搅拌装置主要由搅拌筒及其辅助支撑部件组成。搅拌筒是混凝土的装载容器，转动时混凝土沿叶片的螺旋方向运动，在不断的提升和翻动过程中受到混合和搅拌。在进料及运输过程中，搅拌筒正转，混凝土沿叶片向里运动，出料时，搅拌筒反转，混凝土沿着叶片向外卸出。

叶片是搅拌装置中的主要部件，损坏或严重磨损会导致混凝土搅拌不均匀。另外，叶片的角度如果设计不合理，还会使混凝土发生离析。

（6）清洗系统

清洗系统的主要作用是清洗搅拌筒，有时也用于运输途中进行干料拌筒。清洗系统还对液压系统起冷却作用。

（7）全封闭装置　全封闭装置采用回转密封技术，密封了搅拌车的进出料口，解决了传统搅拌车水分蒸发、砂浆分层、混凝土料撒落、行车安全等一系列问题。

2. 使用

混凝土搅拌运输车的运送方式有两种：一是在10km范围内作短距离运送时，只作运输工具使用，即将拌合好的混凝土接送至浇筑点，在运输途中为防止混凝土分离，让搅拌筒只作低速搅动，使混凝土拌合物不致分离、凝结；二是在运距较长时，搅拌运输两者兼用，即先在混凝土拌合站将干料——砂、石、水泥按配比装入搅拌鼓筒内，并将水注入配水箱，开始只作干料运送，然后在到达距使用点10～15min路程时，启动搅拌筒回转，并向搅拌筒注入一定量的水，这样在运输途中边运输边搅拌成混凝土拌合物，送至浇筑点卸出。

（1）折叠液压传动系统的使用

在混凝土搅拌运输车的各个系统中，液压系统是最重要、最精细的工作部件，对它的使用和维护尤其重要。

混凝土搅拌运输车的液压系统工作原理是通过操纵装置使变量杆向左转动，油泵就开始从油口排油，经高压油管进入马达，马达转动，流经马达的油变成低压油，经另一高压油管从另一沿口流回油泵。变量杆转动角度愈大，油泵每转排出的油量就愈多，马达的转速就愈高。当操纵变量杆使其向右转动，这时压力油就从油口排出，马达旋向改变，低压油从油口流回油泵。马达的转动带动了减速机，从而使搅拌车的拌筒能在一定转速范围内无级变速且有两种旋向。

要使液压系统高效、无故障地工作，就要在日常使用中加强维护保养，并严格按说明书的要求进行操作，按要求及时对液压油和辅助装置（主要是滤清器）进行更换。在换油过程中应注意以下几点。

1）使用性能参数符合要求的液压油，绝对不能使用已用过或用过经过滤和沉淀的液压油。

2）加油时最好使用过滤精度为10的滤油器。

3）主系统、泵、马达的壳体在启动前要充满液压油。

4）用户初次使用500和及以后每2000h需更换液压油和滤芯，必须使用说明书推荐的液压油和滤芯。

（2）折叠托轮的使用

托轮是混凝土搅拌运输车的主要承重件之一，拌筒及其内混凝土的重量主要由托轮和减速机支承，同时由于工地路况的限制，它所受的力是不均匀的、有冲击性的。因此要限制拌筒的跳动，以减少对托轮的冲击。现在的车型有两种形式，一是加一拉带将拌筒拉住；二是在搅拌车支架的后上端加挡块。不论哪一种形式，在日常的使用中都要注意保养和维护，损坏的要及时更换和维修，以免对托轮的使用寿命产生不利的影响。在使用时要特别注意向托轮的轴承加润滑脂，同时在托轮上也要加注润滑脂。注意锁紧螺母是否松动，如有松动则应及时紧固，否则就会损坏托轮轴承，造成不必要的损失。

出料的均匀性问题是搅拌车性能的重要指标之一，它直接影响着工程质量。在运送混凝土时，搅拌筒转速应控制在2～5r/min，并将搅拌筒的总转数控制在300转内。若混凝土的运输距离较长或坍落度较大时，出料前应先将拌筒快速转动5～10转，使里面的混凝土能充分搅拌，这样出料的均匀性就会大大提高。若途中混凝土失水，到工地应加水调整，并充分搅拌。当然这种情况应尽量避免，因为这样会使混凝土的质量得不到控制。有的用户在使用时不注意控制运输过程中的转速，过快则会增大燃油消耗，过小则会造成混凝土的离析。因此应严格按要求控制拌筒的转速，以利提高效益。

（3）折叠传动轴的使用

混凝土搅拌运输车的工作环境比较恶劣，在使用过程中要注意向传动轴加注润滑脂。我们在维修搅拌车的过程中多次接到用户的反馈信息，传动轴用不多长时间就损坏了十字轴或者是整个的传动轴报废。在检查过程中发现这种情况多是由于用户不注意及时向传动轴加注润滑脂导致的损坏。不及时加注润滑脂就会造成传动轴的十字轴干摩擦，时间不长就会使十字轴报废，进而造成整根传动轴的报废。

3. 维修保养

混凝土搅拌运输车作为运输用汽车，在维护和修理方面必须执行“定期检测、强制维护、视情修理”的维护和修理制度。在日常维护方面，混凝土搅拌运输车除应按常规对汽车发动机、底盘等部位进行维护外，还必须做好以下维护工作。

(1) 清洗混凝土贮罐（搅拌筒）及进出料口

由于混凝土会在短时间内凝固成硬块，且对钢材和油漆有一定的腐蚀性，所以每次使用混凝土贮罐后，洗净粘附在混凝土贮罐及进出料口上的混凝土是每日维护必须认真进行的工作。其中包括：

1) 每次装料前用水冲洗进料口，使进料口在装料时保持湿润；

2) 在装料的同时向随车自带的清洗用水水箱中注满水；

3) 装料后冲洗进料口，洗净进料口附近残留的混凝土；

4) 到工地卸料后，冲洗出料槽，然后向混凝土贮罐内加清洗用水 30～40L；在车辆回程时保持混凝土贮罐正向慢速转动；

5) 下次装料前切记放掉混凝土贮罐内的污水；

6) 每天收工时彻底清洗混凝土贮罐及进出料口周围，保证不粘有水泥及混凝土结块。以上这些工作只要一次不认真进行，就会给以后的工作带来很大的麻烦。

(2) 维护驱动装置

驱动装置的作用是驱动混凝土贮罐转动，它由取力器、万向轴、液压泵、液压马达、操纵阀、液压油箱及冷却装置组成。如果这部分因故障停止工作，混凝土贮罐将不能转动，这会导致车内混凝土报废，严重的甚至使整罐混凝土凝结在罐内，造成混凝土搅拌运输车报废。因此，驱动装置是否可靠是使用中必须高度重视的问题。为保证驱动装置完好可靠，应做好以下维护工作：

1) 万向转动部分是故障多发部位，应按时加注润滑脂，并经常检查磨损情况，及时修理更换。车队应有备用的万向轴总成，以保证一旦发生故障能在几十分钟内恢复工作。

2）保证液压油清洁。混凝土搅拌运输车工作环境恶劣，一定要防止污水泥砂进入液压系统。液压油要按使用手册要求定期更换。一旦检查时发现液压油中混入水或泥沙，就要立即停机清洗液压系统、更换液压油。

3）保证液压油冷却装置有效。要定时清理液压油散热器，避免散热器被水泥堵塞，检查散热器电动风扇运转是否正常，防止液压油温度超标。液压部分只要保证液压油清洁，一般故障不多；但生产厂家不同，使用寿命则不一样。

（四）混凝土泵和混凝土泵车

1. 混凝土泵和泵车构造

混凝土输送泵采用电动机或柴油机驱动泵送系统，通过液压系统恒功率控制自动调节混凝土输送泵的输送量，也可用手动控制来选择混凝土输送量。

泵送系统主要由料斗、搅拌机构、混凝土分配阀、混凝土输送缸、洗涤室以及主油缸等构成。现使用较多的是液压活塞式混凝土泵，它是通过液压缸的压力油推动活塞，再通过活塞杆推动混凝土缸中的工作活塞来进行压送混凝土。其工作原理如图4-12所示。

工作原理：如图 4-13 所示，当液压系统压力油进入一主油缸时，活塞杆伸出，同时通过密封回路连通管的压力油使另一活塞杆回缩。与主油缸活塞杆相连的混凝土输送活塞回缩时在输送缸内产生自吸作用，料斗中的混凝土在大气压力作用和搅拌叶片的助推作用下通过滑阀吸入口被吸入输送缸。同时，另一主油缸在油压的作用下，推动主油缸的活塞杆伸出并同时推动混凝土活塞压出输送缸中的混凝土，通过滑阀输送口 Y 字管进入混凝土输送管。动作完成后，系统自动换向使压力油进入另一主油缸，

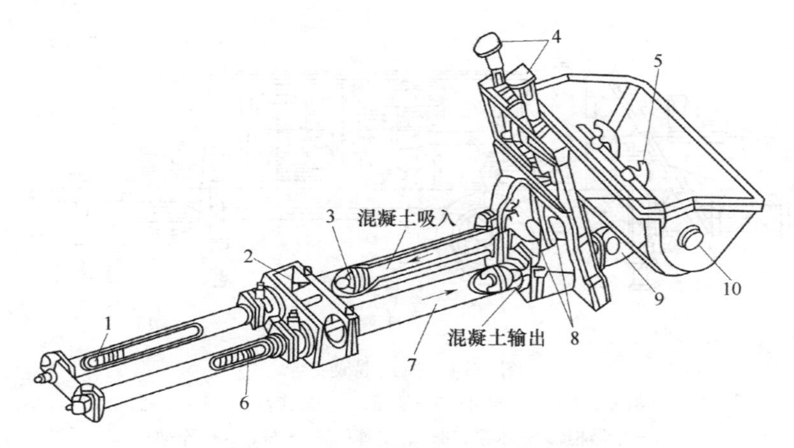

图 4-12　液压活塞式混凝土泵工作原理

1—主油缸；2—洗涤室；3—混凝土活塞；4—滑阀缸；5—搅拌叶片；6—主油缸活塞；7—输送缸；8—滑阀；9—Y 形管；10—料斗

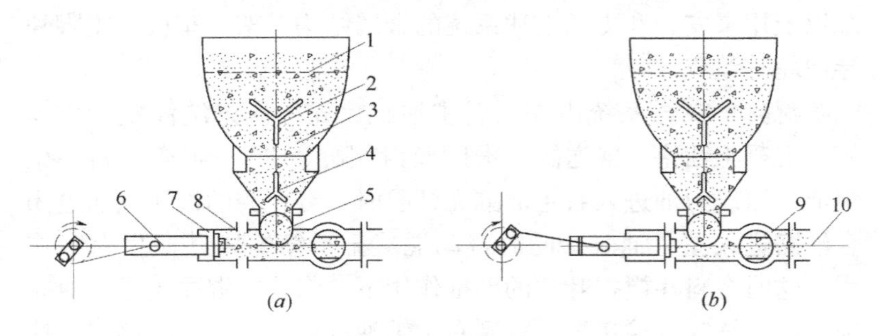

图 4-13　活塞式混凝土泵

(a) 将混凝土吸入泵室；(b) 将混凝土吸入导管

1—筛网；2—搅拌器；3—料斗；4—喂料器；5—吸入阀；6—活塞；7—气缸；8—工作室（泵室）；9—压出阀；10—导管

完成另一次不同输送缸的吸、送行程。如此反复，料斗里的混凝土就源源不断地被吸入和压送出输送缸，通过 Y 型管和出口连接的管道到达作业点，完成泵送作业。

混凝土泵分拖式（地泵）和泵车两种形式。图 4-14 为 HBT60 拖式混凝土泵示意图。它主要由混凝土泵送系统、液压

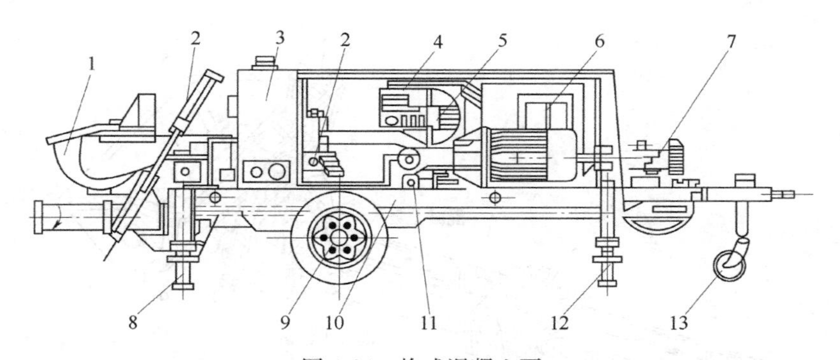

图 4-14　拖式混凝土泵

1—料斗；2—集流阀组；3—油箱；4—操作盘；5—冷却器；6—电器柜；7—水泵；8—后支脚；9—车桥；10—车架；11—排出量手轮；12—前支脚；13—导向轮

操作系统、混凝土搅拌系统、油脂润滑系统、冷却和水泵清洗系统以及用来安装和支承上述系统的金属结构车架、车桥、支脚和导向轮等组成。

混凝土泵送系统由左、右主油缸、先导阀、洗涤室、止动销、混凝土活塞、输送缸、滑阀及滑阀缸、“Y”形管、料斗架组成。当压力油进入右主油缸无杆腔时，有杆腔的液压油通过闭合油路进入左主油缸，同时带动混凝土活塞缩回并产生自吸作用，这时在料斗搅拌叶片的助推作用下，料斗的混凝土通过滑阀吸入口，被吸入输送缸，直到右主轴油缸活塞行程到达终点，撞击先导阀实现自动换向后，左缸吸入的混凝土再通过滑阀输出口进入“Y”形管，完成一个吸、送行程。由于左、右主油缸是不断地交叉完成各自的吸、送行程，这样，料斗里的混凝土就源源不断地被输送到达作业点，完成泵送作业，见表 4-6。

混凝土泵泵送循环　　**表 4-6**

	活塞	滑阀	
吸入混凝土	缩回	吸入口放开	输出口关闭
输出混凝土	推进	吸入口关闭	输出口开放

将混凝土泵安装在汽车上称为臂架式混凝土泵车，它是将混凝土泵安装在汽车底盘上，并用液压折叠式臂架管道来运输混凝土，不需要在现场临时铺设管道，如图 4-15 所示。

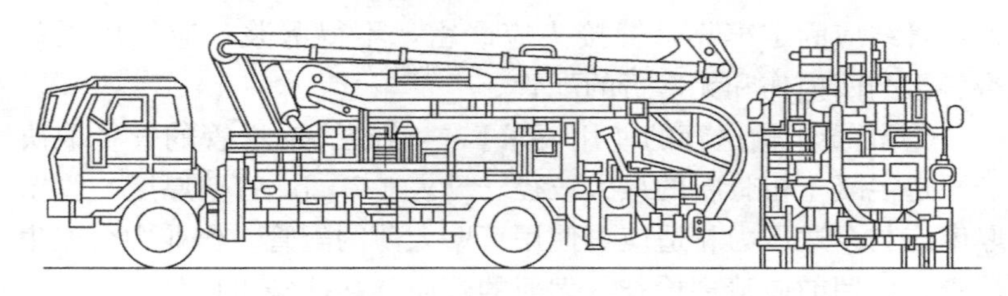

图 4-15　混凝土泵车

2. 混凝土泵和泵车构造的使用

（1）施工准备

1）混凝土泵和泵车的安装

① 混凝土泵安装应水平，场地应平坦坚实，尤其是支腿支承处。严禁左右倾斜和安装在斜坡上，如地基不平，应整平夯实。

② 应尽量安装在靠近施工现场。若使用混凝土搅拌运输车供料，还应注意车道和进出方便。

③ 长期使用时需在混凝土泵上方搭设工棚。

④ 混凝土泵和泵车安装应牢固：a. 支腿升起后，插销必须插准并锁紧并防止振动松脱。b. 布管后应在混凝土泵出口转弯的弯管和锥管处，用钢钎固定。必要时还可用钢丝绳固定在地面上，如图 4-16 所示。

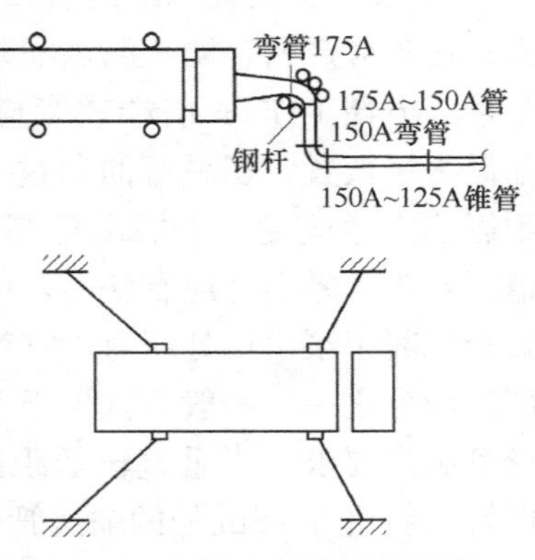

图 4-16　混凝土泵的安装固定

2）管道安装

泵送混凝土布管，应根据工程施工场地特点，最大骨料粒径、混凝土泵型号、输送距离及输送难易程度等进行选择与配置。布管时，应尽量缩短管线长度，少用弯管和软管；在同一条管线中，应采用相同管径的混凝土管；同时采用新、旧配管时，应将新管布置在泵送压力较大处，管线应固定牢靠，管接头应严密，不得漏浆；应使用无龟裂、无凸凹损伤和无弯折的配管。

① 混凝土输送管的使用要求。a. 管径。输送管的管径取决于泵送混凝土粗骨料的最大粒径。见表 4-7。b. 管壁厚度。管壁厚度应与泵送压力相适应。使用管壁太薄的配管，作业中会产生爆管，使用前应清理检查。太薄的管应装在前端出口处。

泵送管道及配件 **表 4-7**

类别		单位	规格
直管	管径	mm	100、125、150、175、200
	长度	m	4、3、2、1
弯管	水平角		15°、30°、45°、60°、90°
	曲率半径	m	0.5、1.0
锥形管		mm	200→175、175→150、150→125、125→100
布料管	管径	mm	与主管相同
	长度	mm	约 6000

② 布管。混凝土输送管线宜直，转弯宜缓，以减少压力损失；接头应严密，防止漏水漏浆；浇筑点应先远后近（管道只拆不接，方便工作）；前端软管应垂直放置，不宜水平布置使用。如需水平放置，切忌弯曲角过大，以防爆管。管道应合理固定，不影响交通运输，不搞乱已绑扎好的钢筋，不使模板振动；管道、弯头、零配件应有备品，可随时更换。垂直向上布管时，为减轻混凝土泵出口处压力，宜使地面水平管长度不小于垂直管长度的四分之一，一般不宜少于 15m。如条件限制可增加弯管或环形管满足要求。当垂直输送距离较大时，应在混凝土泵机“Y”形管出料口 3～6m 处的输送管根部设置销阀管（亦称插管），以防混凝土拌合物反流，如图 4-17 所示。

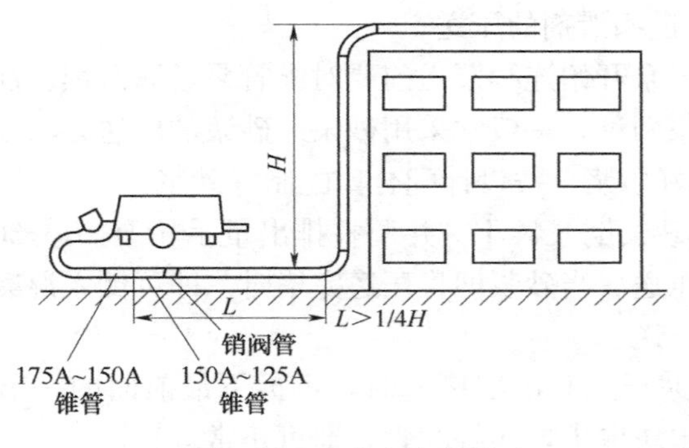

图 4-17　垂直向上布管

斜向下布管时，当高差大于 20m 时，应在斜管下端设置 5 倍高差长度的水平管；如条件限制，可增加弯管或环形管满足以上要求，如图 4-18 所示。

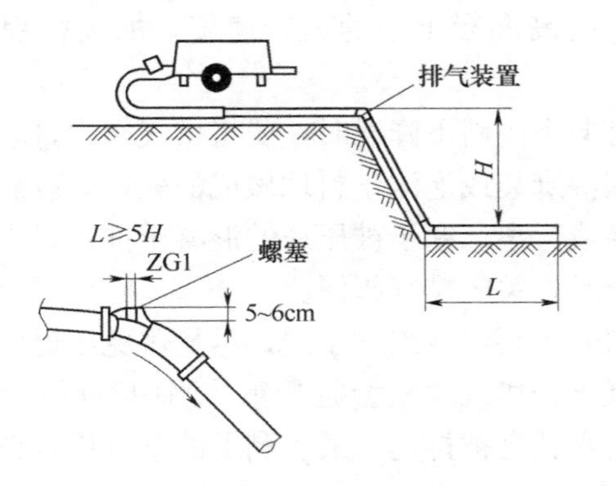

图 4-18　倾斜向下布管

当坡度大于 20°时，应在斜管上端设排气装置。泵送混凝土时，应先把排气阀打开，待输送管下段混凝土有了一定压力时，方可关闭排气阀。

3）混凝土泵空转

混凝土泵压送作业前应空运转，方法是将排出量手轮旋至最大排量，给料斗加足水空转 10min 以上。

4）管道润滑剂的压送

混凝土泵开始连续泵送前要对配管泵送润滑剂。润滑剂有砂浆和水泥浆两种，一般常采用砂浆。砂浆的压送方法是：

① 配好砂浆。按设计配合比配制好砂浆。

② 将砂浆倒入料斗。并调整排出量手轮至 20～30m^3/h 处，然后进行压送。当砂浆即将压送完毕时，即可倒入混凝土，直接转入正常压送。

③ 砂浆压送时出现堵塞时，可拆下最前面的一节配管，将其内部脱水块取出，接好配管，即可正常运转。

（2）混凝土的压送

1）混凝土压送

开始压送混凝土时，应使混凝土泵低速运转，注意观察混凝土泵的输送压力和各部位的工作情况，在确认混凝土泵各部位工作正常后，才提高混凝土泵的运转速度，加大行程，转入正常压送。

如管路有向下倾斜下降段时，要将排气阀门打开，在倾斜段起点塞一个用湿麻袋或泡沫塑料球做成的软塞，以防止混凝土拌合物自由下降或分离。塞子被压送的混凝土推送，直到输送管全部充满混凝土后，关闭排气阀门。

正常压送时，要保持连续压送，尽量避免压送中断。静停时间越长，混凝土分离现象就会越严重。当中断后再继续压送时，输送管上部泌水就会被排走，最后剩下的下沉粗骨料就易造成输送管的堵塞。

泵送时，受料斗内应经常有足够的混凝土，防止吸入空气造成阻塞。

2）压送中断措施

浇灌中断是允许的，但不得随意留施工缝。浇灌停歇压送中断期内，应采取一定的技术措施，防止输送管内混凝土离析或凝结而引起管路的堵塞。压送中断的时间，一般应限制在 1h 之内，夏季还应缩短。压送中断期内混凝土泵必须进行间隔推动，每隔

4～5min 一次，每次进行不少于 4 个行程的正、反转推动，以防止输送管的混凝土离析或凝结。如泵机停机时间超过 45min，应将存留在导管内的混凝土排出，并加以清洗。

3）压送管路堵塞及其预防、处理

① 堵管原因。在混凝土压送过程中，输送管路由于混凝土拌合物品质不良，可泵性差；输送管路配管设计不合理；异物堵塞；混凝土泵操作方法不当等原因，常常造成管路堵塞。坍落度大，黏滞性不足，泌水多的混凝土拌合物容易产生离析，在泵压作用下，水泥浆体容易流失，而粗骨料下沉后推动困难，很容易造成输送管路的堵塞。在输送管路中混凝土流动阻力增大的部位（如“Y”形管、锥形管及弯管等部位）也极易发生堵塞。

向下倾斜配管时，当下倾配管下端阻压管长度不足，在使用大坍落度混凝土时，在下倾管处，混凝土呈自由下流状态，在自流状态下混凝土易发生离析而引起输送管路的堵塞。由于对进料斗、输送管检查不严及压送过程中对骨料的管理不良，使混凝土拌合物中混入了大粒径的石块、砖块及短钢筋等而引起管路的堵塞。

混凝土泵操作不当，也易造成管路堵塞。操作时要注意观察混凝土泵在压送过程中的工作状态。压送困难、泵的输送压力异常及管路振动增大等现象都是堵塞的先兆，若在这种异常情况下，仍然强制高速压送，就易造成堵管。堵管原因见表 4-8。

输送管堵塞原因 **表 4-8**

项目	堵塞原因
混凝土拌合物质量	1. 坍落度不稳定 2. 砂子用量较少 3. 石料粒径、级配超过规定 4. 搅拌后停留时间超过规定 5. 砂子、石子分布不匀

续表

项目	堵塞原因
泵送管道	1. 使用了弯曲半径太小的弯管 2. 使用了锥度太大的锥形管 3. 配管凹陷或接口未对齐 4. 管子和管接头漏水
操纵方法	1. 混凝土排量过大 2. 待料或停机时间过长
混凝土泵	1. 滑阀磨损过大 2. 活塞密封和输送缸磨损过大 3. 液压系统调整不当，动作不协调

② 堵管的预防。防止输送管路堵塞，除混凝土配合比设计要满足可泵性的要求，配管设计要合理，加强混凝土拌制、运输、供应过程的管路确保混凝土的质量外，在混凝土压送时，还应采取以下预防措施：a. 严格控制混凝土的质量。对和易性和匀质性不符合要求的混凝土不得入泵，禁止使用已经离析或拌制后超过 90min 而未经任何处理的混凝土。b. 严格按操作规程的规定操作。在混凝土输送过程中，当出现压送困难、泵的输送压力升高、输送管路振动增大等现象时，混凝土泵的操作人员首先应放慢压送速度，进行正、反转往复推动，辅助人员用木槌敲击弯管、锥形管等易发生堵塞的部位，切不可强制高速压送。

③ 堵管的排除。堵管后，应迅速找出堵管部位，及时排除。首先用木槌敲击管路，敲击时声音闷响说明已堵管。待混凝土泵卸压后，即可拆卸堵塞管段，取出管内堵塞混凝土。拆管时操作者勿站在管口的正前方，避免混凝土突然喷射。然后对剩余管段进行试压送，确认再无堵管后，才可以重新接管。

重新接入管路的各管段接头扣件的螺栓先不要拧紧（安装时应加防漏垫片），应待重新开始压送混凝土，把新接管段内的空气从管段的接头处排尽后，方可把各管段接头扣件的螺丝拧紧。

3. 混凝土泵和泵车维护保养

混凝土泵和泵车要求操作者在施工前、施工中勤检查、勤保养。

（1）加满润滑脂，水箱加 2/3 清水和 1/3 液压油或机油。

（2）检查液压油油位、油质，油质应是淡黄色透明、无乳化或浑浊现象，否则应更换。

（3）检查分配阀换向、搅拌装置正反转是否正常动作。

（4）检查切割环、眼镜板间隙应正常（最大间隙两毫米）。

（5）检查液压系统是否有漏油、渗油现象。

（6）检查所有螺纹连接，保证连接牢固。

（7）检查润滑系统工作情况，应看到递进式分配器指示杆来回动作，S 管摆臂端轴承位置、搅拌轴轴承位置等润滑点有润滑油溢出。手动润滑点每台班应注入润滑脂。

（五）混凝土振捣机械

混凝土振捣主要采用振捣器进行，振捣器产生小振幅、高频率的振动，使混凝土在其振动的作用下，内摩擦力和黏结力大大降低，使干稠的混凝土获得了流动性，在重力的作用下骨料互相滑动而紧密排列，空隙由砂浆所填满，空气被排出，从而使混凝土密实，并填满模板内部空间，且与钢筋紧密结合。

1. 混凝土振捣器

混凝土振捣器的分类见表 4-9、表 4-10、图 4-19。

混凝土振捣器分类　　表 4-9

序号	分类法	名称	说明
1	按振动频率分	低频振捣器 中频振捣器 高频振捣器	频率为 2000～5000r/min 频率为 5000～8000r/min 频率为 8000～20000r/min
2	按动力来源分	电动式振捣器 风动式振捣器	
3	按传振方式分	插入式振捣器 外部振捣器 振动台	

混凝土振捣器的型号 **表 4-10**

类	组	型	特性	代号	代号含义
混凝土机械	混凝土振动器Z(振)	内部振动式N(内)		ZN	电动软轴行星插入式混凝土振动器
			P(偏)	ZPN	电动软轴偏心插入式混凝土振动器
			D(电)	ZDN	电机内装插入式混凝土振动器
		外部振动式(外)	B(平)	ZB	平板式混凝土振动器
			F(附)	ZF	附着式混凝土振动器
			D(单)	ZFD	单向振动附着式混凝土振动器
			J(架)	ZJ	台架式混凝土振动器
	混凝土振动台			ZT	混凝土振动台

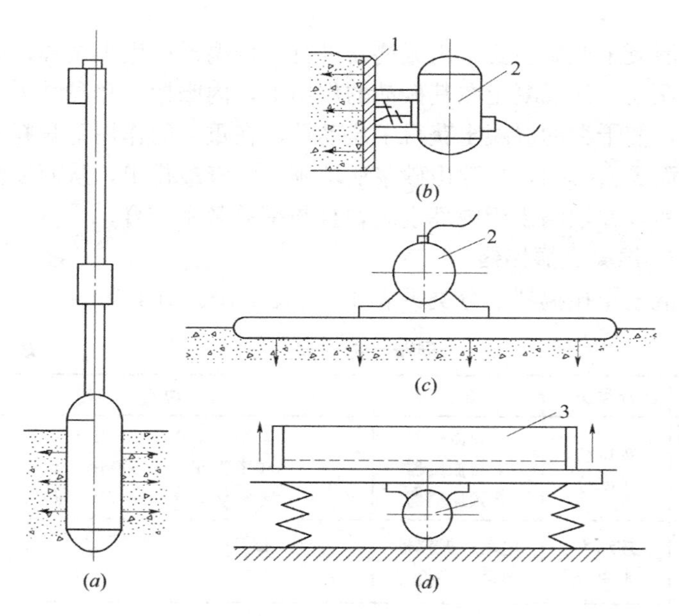

图 4-19 混凝土振捣器

(*a*) 内部振捣器；(*b*) 外部振捣器；(*c*) 表面振捣器；(*d*) 振动台

1—模板；2—振动器；3—振动台

(1) 插入式振捣器

根据使用的动力不同，插入式振捣器有电动式、风动式和内燃机式三类。内燃机式仅用于无电源的场合。风动式因其能耗较大、不经济，同时风压和负载变化时会使振动频率显著改变，因而影响混凝土振捣密实质量，逐渐被淘汰。因此一般工程均采用电动式振捣器。电动插入式振捣器又分为三种，见表 4-11。

电动插入式振捣器　　表 4-11

序号	名称	构　造	适用范围
1	串激式振捣器	串激式电机拖动，直径 18～50mm	小型构件
2	软轴振捣器	有偏心式、外滚道行星式、内滚道行星式振捣棒直径 25～100mm	除薄板以外各种混凝土工程
3	硬轴振捣器	直联式，振捣棒直径 80～133mm	大体积混凝土

1）插入式振捣器的工作原理

按振捣器的激振原理，插入式振捣器可分为偏心式和行星式两种，如图 4-20 所示。

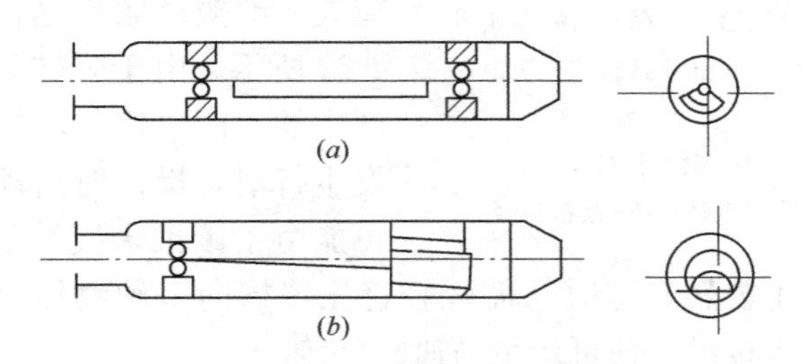

图 4-20　振捣器的激振方式

(*a*) 偏心式；(*b*) 行星式

偏心式的激振原理如图 4-20(*a*) 所示。利用装有偏心块的转轴（也有将偏心块与转轴做成一体的）作高速旋转时所产生的离心力迫使振捣棒产生剧烈振动。偏心块每转动一周，振捣棒随之振动一次。一般单相或三相异步电动机的转速受电源频率限制只能达到 3000r/min，如插入式振捣器的振动频率要求达到5000r/min 以上时，则当电机功率小于 500W 尚可采用串激式单相高速电机，而当功率为 1kW 甚至更大时，应由变频机组供电，即提供频率较大的电源。

行星式振捣器是一种高频振动器，振动频率在 10000r/min 以上，如图 4-20(*b*) 所示。

行星振动机构又分为外滚道式和内滚道式，如图 4-21 所示。它的壳体 1 内，装入由传动轴带动旋转的滚锥 3，滚锥沿固定的滚道 4 滚动而产生振动。当电机通过传动轴 2 带动滚锥轴 5 转动时，滚锥 3 除了本身自转外，还绕着轨道“公转”。当滚道与滚锥的直径越接近，这“公转”的次数也就越高，即振动频率越高，如图 4-22 所示。由于公转是靠摩擦产生的，而滚锥与滚道之间会发生打滑，操作时启动振动器可能由于滚锥未接触滚道，所以不能产生公转，这时只需轻轻将振捣棒向坚硬物体上敲击一下，使两者接触，便可产生高速的公转。

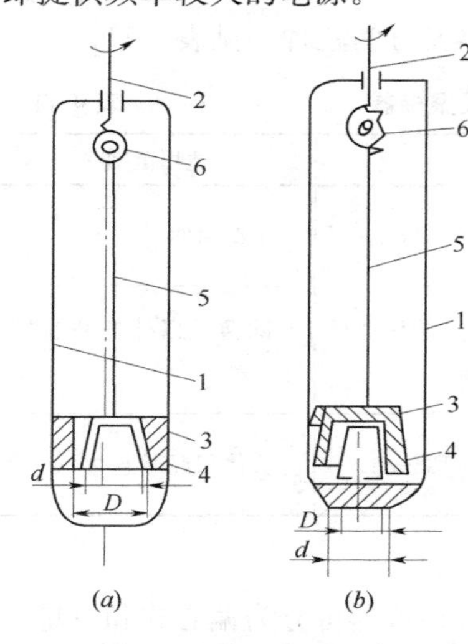

图 4-21 行星振动机构

(*a*) 外滚道式；(*b*) 内滚道式

1—壳体；2—传动轴；3—滚锥；4—滚道；5—滚锥轴；6—柔性铰接

D—滚道直径；*d*—滚锥直径

2）软轴插入式振捣器

① 软轴行星式振捣器

图 4-23 为软轴行星式振捣器结构图，由可更换的振动棒头 1、软轴 2、防逆装置（单向离合器）3 及电机 4 等组成。电机安装在可 360°回转的回转支座 7 上，机壳上部装有电机开关 6 和把

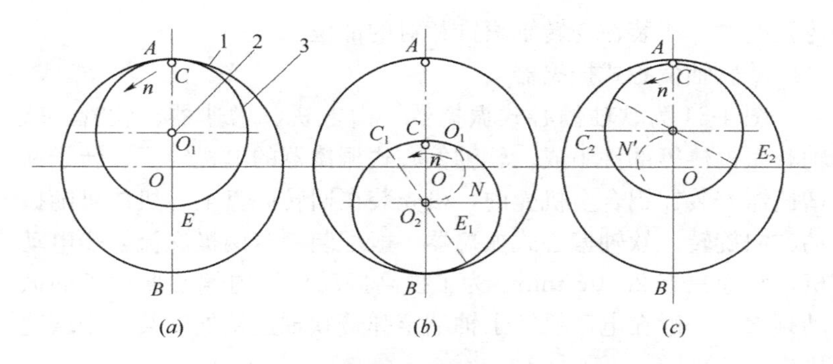

图 4-22　外滚道式行星振捣器振动原理图

(*a*) 开始；(*b*) 公转半周后；(*c*) 公转一周后

1—外滚道；2—滚锥轴；3—滚锥

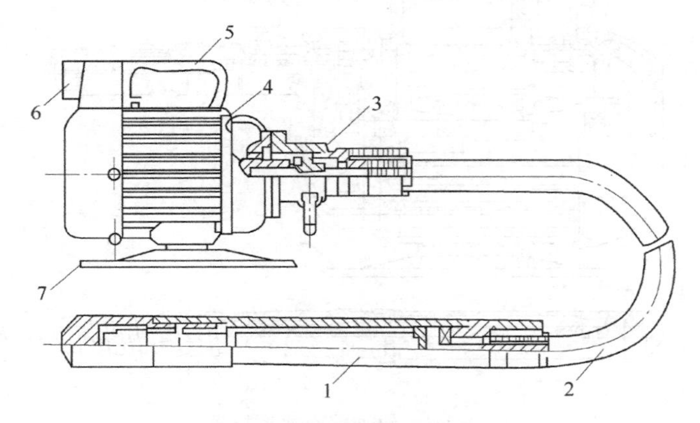

图 4-23　软轴行星式振捣器

1—振捣棒；2—软轴；3—防逆装置；4—电机；

5—把手；6—电机开关；7—电机回转支座

手 5，在浇筑现场可单人携带，并可搁置在浇筑部位附近手持软轴进行振捣操作。

振捣棒是振捣器的工作装置，其外壳由棒头和棒壳体通过螺纹联成一体。壳体上部有内螺纹，与软轴的套管接头密闭衔接。带有滚轴的转轴的上端支承在专用的轴向大游隙球轴承或球面调心轴承中，端头以螺纹与软轴连接，另一端悬空。圆锥形滚道与棒壳配紧，压装在与转轴滚锥相对的部位。

②软轴偏心式振捣器

图 4-24 为软轴偏心式振捣器，由电机、增速器、软管、软轴和振捣棒等部件组成。软轴偏心式振捣器的电机定子、转子和增速器安装在铝合金机壳内，机壳装在回转底盘上，机体可随振动方向旋转。软轴偏心式振捣器一般配装一台两极交流异步电动机，转速只有 2860r/min。为了提高振动机构内偏心振动子的振动频率，一般在电动机转子轴端至弹簧软轴连接处安装一个增速机构。

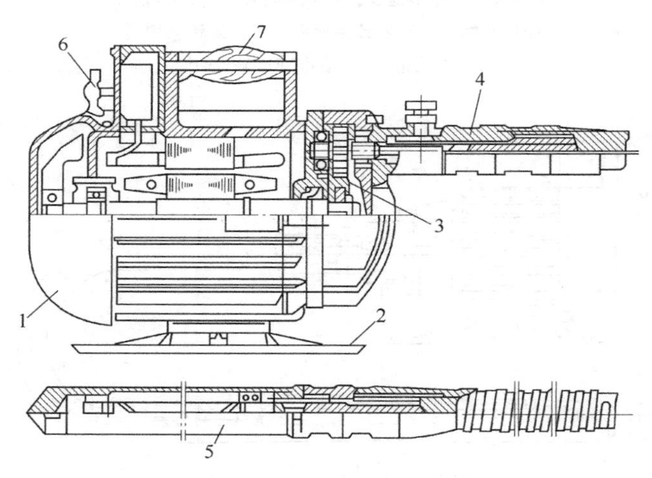

图 4-24 软轴偏心式振捣器

1—电机；2—底盘；3—增速器；4—软轴；5—振捣棒；
6—电路开关；7—手柄

③ 串激式软轴振捣器

串激式软轴振捣器是采用串激式电机为动力的高频偏心软轴插入式振捣器，其特点是交直流两用，体积小，重量轻，转速高，同时电机外形小巧并采用双重绝缘，使用安全可靠，无需单向离合器。它由电机、软轴软管组件、振捣棒等组成，如图4-25所示。电机通过短软轴直接与振捣棒的偏心式振动子相连。当电

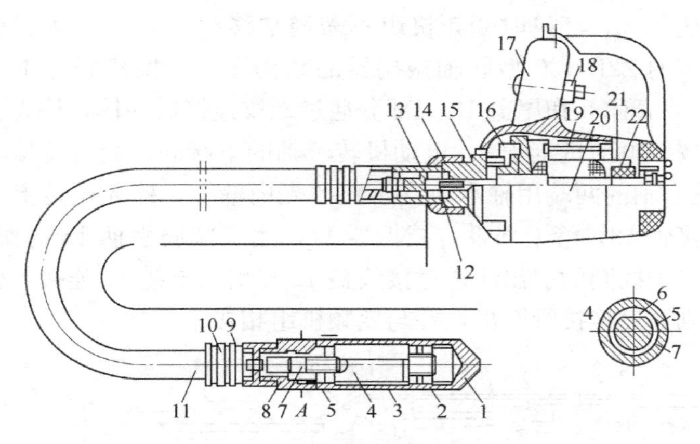

图 4-25　串激式软轴振捣器

1—尖头；2—轴承；3—套管；4—偏心轴；5—鸭舌销；6—半月键；7—紧套；8—接头；9—软轴；10、13—软管接头；11—软管；12—软轴接头；14—软管紧定套；15—电机端盖；16—风扇；17—把手；18—开关；19—定子；20—转子；21—碳刷；22—电枢

机旋转时，经软轴驱动偏心振动子高速旋转，使振捣棒产生高频振动。

3）硬轴插入式振捣器

硬轴插入式振捣器也称电动直联插入式振捣器，它将驱动电机与振捣棒联成一体，或将其直接装入振捣棒壳体内，使电机直接驱动振动子，振动子可以做成偏心式或行星式。硬轴插入式振捣器一般适用于大体积混凝土，因其骨料粒径较大，坍落度较小，需要的振动频率较低而振幅较大，所以一般多采用偏心式。

棒径 80mm 以上的硬轴振捣器，目前都采用变频机组供电，目的是把浇筑现场三相交流电源的频率由 50Hz，提高到 100、125、150 甚至 200Hz，使振捣器内的三相异步电动机的转速相应地提高到 6000、7500、9000 甚至 12000r/min；同时将电压降至 48V，如遇漏电不致引起触电事故。1 台变频机组可同时给 2～3台振捣器供电。变频机组与振捣器之间用电缆连接。电缆长度可达 25m，浇筑时变频机组不需经常移动。图 4-26 为目前使用较多的 Z2D-130 型硬轴振捣器的结构图。振捣棒壳体由端塞 1、中间壳体 8 和尾盖 13 三部分通过螺纹连接成一体，棒壳上部内壁嵌装电动机定子 9，电动机转子轴的下端固定套装着偏心轴 5，偏心轴的两端用轴承 4 支承在棒壳内壁上，棒壳尾盖上端接有连接管 18，管上部设有减振器 14，用来减弱手柄 15 的振动。电机定子线圈的引出线通过接线盖 12 与引出电缆 16 连接，引出电缆则穿过连接管引出，并与变频机组相接。

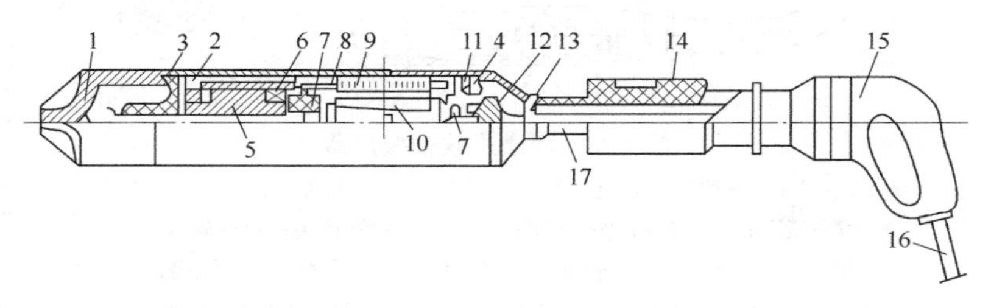

图 4-26　插入式电动硬轴振捣器

1—端塞；2—吸油嘴；3—油盘；4—轴承；5—偏心轴；6—油封座；7—油封；8—中间壳体；9—定子；10—转子；11—轴承座；12—接线盖；13—尾盖；14—减振器；15—手柄；16—引出电缆；17—连接管

变频机组是硬轴插入式振捣器的电源设备。由安装在同一轴上的电动机和低压异步发电机组成。变频电源，一方面驱动电动机旋转，另一方面通过保险丝、电源线、碳刷及滑环接入发电机转子激磁，使发电机输出高频率的低压电源，供振捣器使用。

偏心式振捣器的偏心轴所产生的离心力，通过轴承传递给壳体。轴承所受荷载既大，转速又高，在振捣大粒径骨料混凝土时，还要承受大石子给予很大的反向冲击力，因此轴承的使用寿命很短（以净运转时间计算，一般只有 50～100h），并成为振捣器的薄弱环节。而轴承一旦损坏，如未能及时发现并更换，还会引起电动机转子与定子内孔碰擦，线圈短路烧毁。因此硬轴振捣器应注意日常维护。

(2) 外部式振捣器

外部式振捣器包括附着式、平板（梁）式及振动台三种类型。

附着式振捣器和平板（梁）式振捣器的振捣作用都是由混凝土表面传入的，其区别仅在于附着式振捣器本身无振板，用螺栓或夹具固定在混凝土结构的模板上进行振捣，模板就是它的振板；而平板（梁）式振捣器则自带振板，可直接放置在混凝土表面进行振捣。

1) 附着式振捣器

附着式振捣器由电机、偏心块式振动子组合而成，外形如同一台电动机，如图 4-27 所示。机壳一般采用铸铝或铸铁制成，有的为便于散热，在机壳上铸有环状或条状凸肋形散热翼。附着式振捣器是在一个三相二极电动机转子轴的两个伸出端上各装有一个圆盘形偏心块，振捣器的两端用端盖封闭。端盖与轴承座机壳用三只长螺栓紧固，以便维修。外壳上有四个地脚螺钉孔，使用时用地脚螺栓将振捣器固定在模板或平板上进行作业。

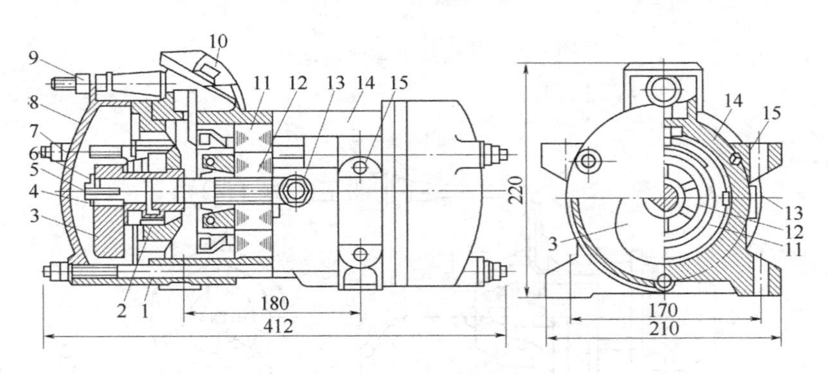

图 4-27　附着式振捣器

1—轴承座；2—轴承；3—偏心轮；4—键；5—螺丝钉；6—转子轴；7—长螺栓；8—端盖；9—电源线；10—接线盒；11—定子；12—转子；13—定子紧固螺丝；14—外壳；15—地脚螺丝孔

附着式振捣器的偏心振动子安装在电机转子轴的两端，由轴承支承。电机转动带动偏心振动子运动，由于偏心力矩作用，振捣器在运转中产生振动力进行振捣密实作业。

2）平板（梁）式振捣器

平板（梁）式振捣器有两种型式，一是在上述附着式振捣器底座上用螺栓紧固一块木板或钢板（梁），通过附着式振捣器所产生的激振力传递给振板，迫使振板振动而振实混凝土，如图4-28所示；另一类是定型的平板（梁）式振捣器，振板为钢制槽形（梁形）振板，上有把手，便于边振捣、边拖行，更适用于大面积的振捣作业，如图4-29所示。

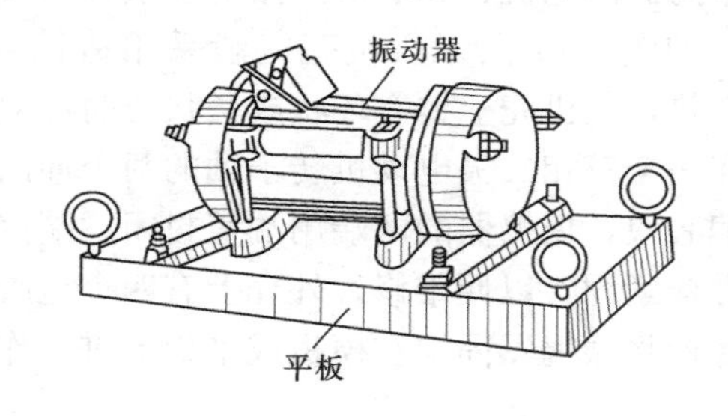

图4-28　简易平板式振捣器

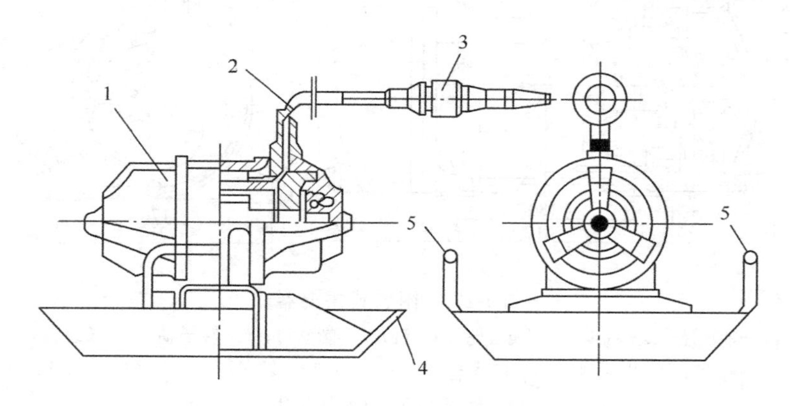

图4-29　槽形平板式振捣器

1—振动电机；2—电缆；3—电缆接头；4—钢制槽形振板；5—手柄

上述外部式振捣器空载振动频率在2800～2850r/min之间，由于振捣频率低，混凝土拌合物中的气泡和水分不易逸出，振捣效果不佳。近年来已开始采用变频机组供电的附着式和平板式振捣器，振捣频率可达9000～12000r/min，振捣效果较好。

（3）振动台

混凝土振动台，又称台式振捣器。它是一种使混凝土拌合物振动成型的机械。其机架一般支承在弹簧上，机架下装有激振器，机架上安置成型制品的钢模板，模板内装有混凝土拌合物。在激振器的作用下，机架连同模板及混合料一起振动，使混凝土拌合物密实成型，如图4-30所示。

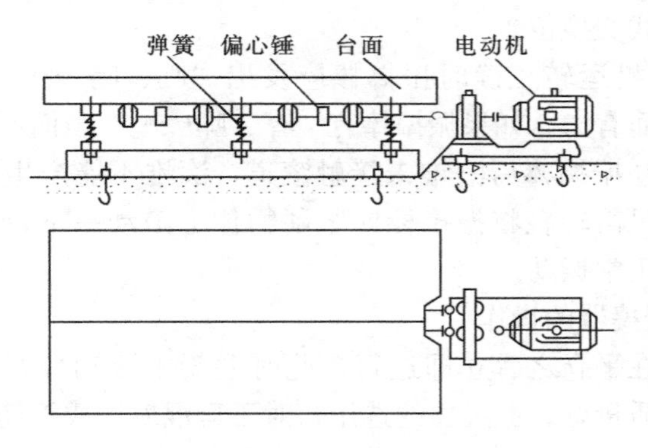

图4-30　混凝土振动台

2. 振捣器的使用

（1）插入式振捣器的使用

1）振捣器使用前的检查

① 电机接线是否正确，电压是否稳定，外壳接地是否完好，工作中亦应随时检查。

② 电缆外皮有无破损或漏电现象。

③ 振捣棒连接是否牢固和有无破损，传动部分两端及电机壳上的螺栓是否拧紧，软轴接头是否接好。

④ 检查电机的绝缘是否良好，电机定子绕组绝缘不小于

0.5mΩ。如绝缘电阻低于0.5mΩ，应进行干燥处理。有条件时，可采用红外线干燥炉、喷灯等进行烘烤，但烘烤温度不宜高于100℃；也可采用短路电流法，即将转子制动，在定子线圈内通入电压为额定值10%～15%的电源，使其线圈发热，慢慢干燥。

2）接通电源，进行试运转

① 电机的旋转方向应为顺时针方向（从风罩端看），并与机壳上的红色箭头标示方向一致。

② 当软轴传动与电机结合紧固后，电机启动时如发现软轴不转动或转动速度不稳定，单向离合器中发出“嗒嗒”响的声音，则说明电机旋转方向反了，应立即切断电源，将三相进线中的任意两线交换位置。

③ 电机运转正确时振捣棒应发出“呜、呜……”的叫声，振动稳定而有力。如果振捣棒有“哗、哗……”声而不振动，这是由于启动振捣棒后滚锥未接触滚道，滚锥不能产生公转而振动，这时只需轻轻将振捣棒向坚硬物体上敲动一下，使两者接触，即可正常振动。

3）振捣器的操作

振捣在平仓之后立即进行，此时混凝土流动性好，振捣容易，捣实质量好。振捣器的选用，对于素混凝土或钢筋稀疏的部位，宜用大直径的振捣棒；坍落度小的干硬性混凝土，宜选用高频和振幅较大的振捣器。振捣作业路线保持一致，并顺序依次进行，以防漏振。振捣棒尽可能垂直地插入混凝土中。如振捣棒较长或把手位置较高，垂直插入感到操作不便时，也可略带倾斜，但与水平面夹角不宜小于45°，且每次倾斜方向应保持一致，否则下部混凝土将会发生漏振。这时作用轴线应平行，如不平行也会出现漏振点（图4-31）。

振捣棒应快插、慢拔。插入过慢，上部混凝土先捣实，就会阻止下部混凝土中的空气和多余的水分向上逸出；拔得过快，周围混凝土来不及填铺振捣棒留下的孔洞，将在每一层混凝土的上半部留下只有砂浆而无骨料的砂浆柱，影响混凝土的强度。为使

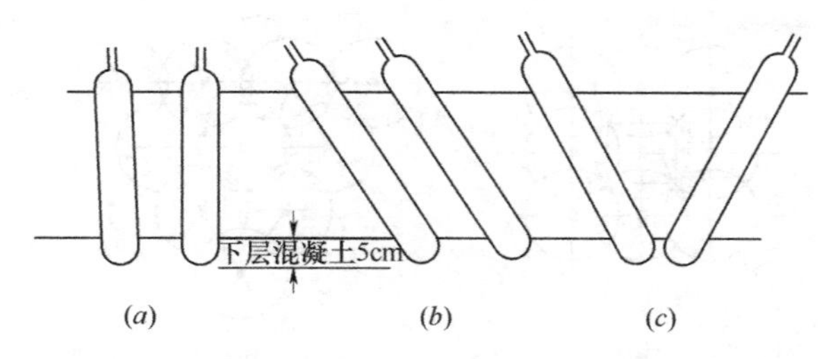

图 4-31 插入式振捣器操作示意
(a) 直插法；(b) 斜插法；(c) 错误方法

上下层混凝土振捣密实均匀，可将振捣棒上下抽动，抽动幅度为5～10cm。振捣棒的插入深度，在振捣第一层混凝土时，以振捣器头部不碰到基岩或老混凝土面，但相距不超过 5cm 为宜；振捣上层混凝土时，则应插入下层混凝土 5cm 左右，使上下两层结合良好。在斜坡上浇筑混凝土时，振捣棒仍应垂直插入，并且应先振低处，再振高处，否则在振捣低处的混凝土时，已捣实的高处混凝土会自行向下流动，致使密实性受到破坏。软轴振捣棒插入深度为棒长的 3/4，过深软轴和振捣棒结合处容易损坏。

振捣棒在每一孔位的振捣时间，以混凝土不再显著下沉，水分和气泡不再逸出并开始泛浆为准。振捣时间和混凝土坍落度、石子类型及最大粒径、振捣器的性能等因素有关，一般为 20～30s。振捣时间过长，不但降低工效，且使砂浆上浮过多，石子集中下部，混凝土产生离析，严重时，整个浇筑层呈“千层饼”状态。

振捣器的插入间距控制在振捣器有效作用半径的 1.5 倍以内，实际操作时也可根据振捣后在混凝土表面留下的圆形泛浆区域能否在正方形排列（直线行列移动）的 4 个振捣孔径的中点[图 4-32(a) 中的 A、B、C、D 点]，或三角形排列（交错行列移动）的 3 个振捣孔位的中点［图 4-32(b) 中的 A、B、C、D、E、F 点］相互衔接来判断。在模板边、预埋件周围、布置有钢筋的部位以及两罐（或两车）混凝土卸料的交界处，宜适当减少

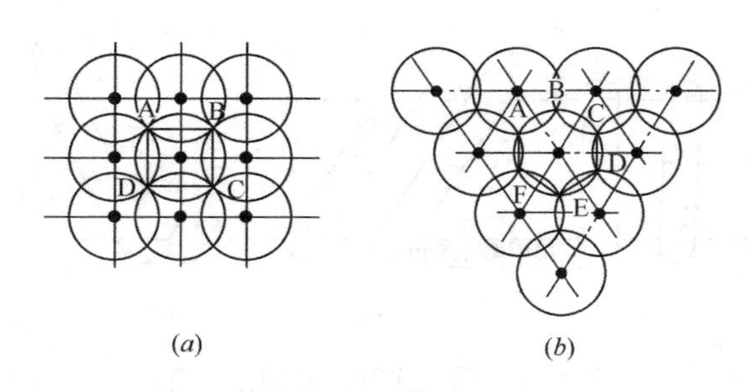

图 4-32 振捣孔布置

(*a*) 正方形分布；(*b*) 三角形分布

插入间距，以加强振捣，但不宜小于振捣棒有效作用半径的1/2，并注意不能触及钢筋、模板及预埋件。

为提高工效，振捣棒插入孔位尽可能呈三角形分布。据计算，三角形分布较正方形分布工效可提高 30%，此外，将几个振捣器排成一排，同时插入混凝土中进行振捣。这时两台振捣器之间的混凝土可同时接收到这两台振捣器传来的振动，振捣时间可因此缩短，振动作用半径也随即加大。

振捣时出现砂浆窝时应将砂浆铲出，用脚或振捣棒从旁边将混凝土压送至该处填补，不可将别处石子移来（重新出现砂浆窝）。如出现石子窝，按同样方法将松散石子铲出同样填补。振捣中发现泌水现象时，应经常保持仓面平整，使泌水自动流向集水地点，并用人工掏除。泌水未引走或掏除前，不得继续铺料、振捣。集水地点不能固定在一处，应逐层变换掏水位置，以防弱点集中在一处。也不得在模板上开洞引水自流或将泌水表层砂浆排出仓外。

振捣器的电缆线应注意保护，不要被混凝土压住。万一压住时，不要硬拉，可用振捣棒振动其附近的混凝土，使其液化，然后将电缆线慢慢拔出。

软轴式振捣器的软轴不应弯曲过大，弯曲半径一般不宜小于50cm，也不能多于两弯，电动直联偏心式振捣器因内装电动机，较易发热，主要依靠棒壳周围混凝土进行冷却，不要让它在空气中连续空载运转。

工作时，一旦发现有软轴保护套管橡胶开裂、电缆线表皮损伤、振捣棒声响不正常或频率下降等现象时，应立即停机处理或送修拆检。

（2）外部式振捣器的使用

1）外部式振捣器使用前的准备工作

① 振捣器安装时，底板的安装螺孔位置应正确，否则底脚螺栓将扭斜，并使机壳受到不正常的应力，影响使用寿命。底脚螺栓的螺帽必须紧固，防止松动，且要求四只螺栓的紧固程度保持一致。

② 如插入式振捣器一样检查电机、电源等内容。

③ 在松软的平地上进行试运转，进一步检查电气部分和机械部分运转情况。

2）外部式振捣器的操作

① 操作人员应穿绝缘胶鞋、戴绝缘手套，以防触电。

② 平板式振捣器要保持拉绳干燥和绝缘，移动和转向时，应蹬踏平板两端，不得蹬踏电机。操作时可通过倒顺开关控制电机的旋转方向，使振捣器的电机旋转方向正转或反转从而使振捣器自动地向前或向后移动。沿铺料路线逐行进行振捣，两行之间要搭接 5cm 左右，以防漏振。

振捣时间仍以混凝土拌合物停止下沉、表面平整，往上返浆且已达到均匀状态并充满模壳时，表明已振实，可转移作业面。时间一般为 30s 左右。在转移作业面时，要注意电缆线勿被模板、钢筋露头等挂住，防止拉断或造成触电事故。

振捣混凝土时，一般横向和竖向各振捣一遍即可，第一遍主要是密实，第二遍是使表面平整，其中第二遍是在已振捣密实的混凝土面上快速拖行。

③ 附着式振捣器安装时应保证转轴水平或垂直，如图 4-33 所示。在一个模板上安装多台附着式振捣器同时进行作业时，各

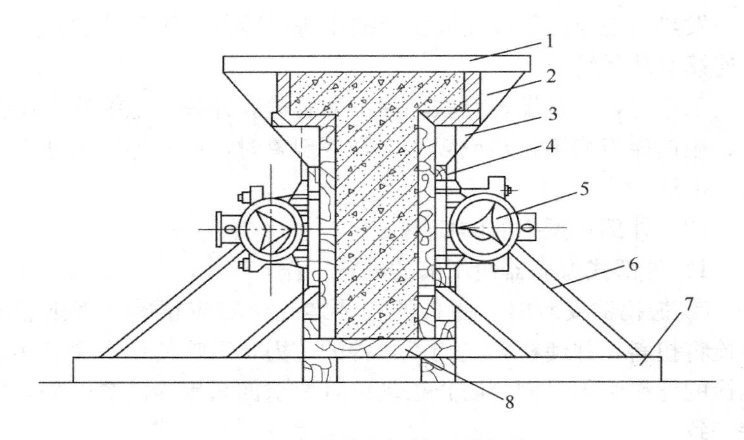

图 4-33　附着式振捣器的安装

1—模板面卡；2—模板；3—角撑；4—夹木枋；5—附着式振捣器；6—斜撑；7—底模枋；8—纵向底枋

振捣器频率必须保持一致，相对安装的振捣器的位置应错开。振捣器所装置的构件模板，要坚固牢靠，构件的面积应与振捣器的额定振动板面积相适应。

3）混凝土振动台是一种强力振动成型机械装置，必须安装在牢固的基础上，地脚螺栓应有足够的强度并拧紧。在振捣作业中，必须安置牢固可靠的模板锁紧夹具，以保证模板和混凝土与台面一起振动。

3. 振捣器的维护与保养

（1）每班施工结束时，应对粘附于振捣器上的混凝土清理干净。

（2）各轴承部位每周加润滑脂一次。

（3）一般一个月或每期工程结束，应对整机进行全面检查和保养一次。

（4）应经常检查各紧固螺栓，以防松动。

（5）长时间停机不用时，应将机器停放在防雨防晒干燥的地方。

五、普通混凝土施工

（一）混凝土的搅拌

1. 开盘操作

混凝土的搅拌机按要求检查无误即可进行开盘搅拌，为不改变混凝土设计配合比，补偿粘附在筒壁、叶片上的砂浆，第一盘应减少石子约30%，或多加水泥、砂各15%。

2. 投料顺序

普通混凝土一般采用一次投料法或两次投料法。一次投料法是按砂（石子）——水泥——石子（砂）的次序投料，并在搅拌的同时加入全部拌合水进行搅拌；二次投料法是先将石子投入拌合筒并加入部分拌合用水进行搅拌，清除前一盘拌合料粘附在筒壁上的残余，然后再将砂、水泥及剩余的拌合用水投入搅拌筒内继续拌合。

3. 搅拌时间

混凝土搅拌质量直接和搅拌时间有关，搅拌时间应满足表5-1的要求。

混凝土搅拌的最短时间（单位：s）　　**表5-1**

混凝土坍落度（cm）	搅拌机机型	搅拌机容量（L）		
		＜250	250～500	＞500
≤3	强制式	60	90	120
	自落式	90	120	150
＞3	强制式	60	60	90
	自落式	90	90	120

注：掺有外加剂时，搅拌时间应适当延长。

4. 操作要点

搅拌机操作要点见表 5-2。

搅拌机操作要点 表 5-2

序号	项目	操作要点
1	进料	（1）应防止砂、石落入运转机构； （2）进料容量不得超载； （3）进料时避免水泥先进，避免水泥粘结机体
2	运行	（1）注意声响，如有异常，应立即检查； （2）运行中经常检查紧固件及搅拌叶，防止松动或变形
3	安全	（1）上料斗升降区严禁任何人通过或停留，检修或清理该场地时，用链条或锁闩将上料斗扣牢； （2）进料手柄在非工作时或工作人员暂时离开时，必须用保险环扣紧； （3）出浆时操作人员应手不离开操作手柄，防止手柄自动回弹伤人（强制式机更要重视）； （4）出浆后，上料前，应将出浆手柄用安全钩扣牢，方可上料搅拌； （5）停机下班，应将电源拉断，关好开关箱； （6）冬期施工下班，应将水箱、管道内的存水排清
4	停电或机械故障	（1）快硬、早强、高强混凝土，及时将机内拌合物掏清； （2）普通混凝土，在停拌 45min 内将拌合物掏清； （3）缓凝混凝土，根据缓凝时间，在初凝前将拌合物掏清； （4）掏料时，应将电源拉断，防止突然来电

5. 搅拌质量检查

混凝土拌合物的搅拌质量应经常检查，混凝土拌合物颜色均匀一致，无明显的砂粒、砂团及水泥团，石子完全被砂浆所包裹，说明其搅拌质量较好。

6. 停机

每班作业后应对搅拌机进行全面清洗，并在搅拌筒内放入清水及石子运转 10～15min 后放出，再用竹扫帚洗刷外壁。搅拌筒内不得有积水，以免筒壁及叶片生锈，如遇冰冻季节应放尽水箱及水泵中的存水，以防冻裂。

每天工作完毕后，搅拌机料斗应放至最低位置，不准悬于半空。电源必须切断，锁好电闸箱，保证各机构处于空位。

（二）混凝土的运输

混凝土运输是整个混凝土施工中的一个重要环节，对工程质量和施工进度影响较大。由于混凝土料拌合后不能久存，而且在运输过程中对外界的影响敏感，运输方法不当或疏忽大意，都会降低混凝土质量，甚至造成废品。如供料不及时或混凝土品种错误，正在浇筑的施工部位将不能顺利进行。因此要解决好混凝土拌合、浇筑、水平运输和垂直运输之间的协调配合问题，还必须采取适当的措施，保证运输混凝土的质量。

混凝土料在运输过程中应满足下列基本要求：

（1）运输设备应不吸水、不漏浆，运输过程中不发生混凝土拌合物分离、严重泌水及过多降低坍落度。

（2）同时运输两种以上强度等级的混凝土时，应在运输设备上设置标志，以免混淆。

（3）尽量缩短运输时间、减少转运次数。运输时间不得超过表5-3的规定。因故停歇过久，混凝土产生初凝时，应作废料处理。在任何情况下，严禁中途加水后运入仓内。

混凝土允许运输时间（min）　　**表5-3**

气温（℃）	混凝土允许运输时间
20～30	30
10～20	45
5～10	60

注：本表数值未考虑外加剂、混合料及其他特殊施工措施的影响。

（4）运输道路基本平坦，避免拌合物振动、离析、分层。

(5) 混凝土运输工具及浇筑地点，必要时应有遮盖或保温设施，以避免因日晒、雨淋、受冻而影响混凝土的质量。

(6) 混凝土拌合物自由下落高度以不大于 2m 为宜，超过此界限时应采用缓降措施。

混凝土运输包括两个运输过程：一是从拌合机前到浇筑仓前，主要是水平运输；二是从浇筑仓前到仓内，主要是垂直运输。

混凝土的水平运输又称为供料运输。常用的运输方式有人工、机动翻斗车、混凝土搅拌运输车、自卸汽车、混凝土泵等种，应根据工程规模、施工场地宽窄和设备供应情况选用。混凝土的垂直运输又称为入仓运输，主要由起重机械来完成，常见的起重机有履带式、门机、塔机等几种。

1. 水平运输

(1) 人工运输

人工运输混凝土常用手推车、架子车和斗车等。用手推车和架子车时，要求运输道路路面平整，随时清扫干净，防止混凝土在运输过程中受到强烈振动。道路的纵坡，一般要求水平，局部不宜大于 15%，一次爬高不宜超过 2～3m，运输距离不宜超过 200m。

(2) 机动翻斗车

机动翻斗车是混凝土工程中使用较多的水平运输机械。它轻便灵活、转弯半径小、速度快且能自动卸料。车前装有容量为 476L 的翻斗，载重量约 1t，最高时速 20km/h。适用于短途运输混凝土或砂石料。

(3) 混凝土搅拌运输车

混凝土搅拌运输车（图 5-1）是运送混凝土的专用设备。它的特点是在运量大、运距远的情况下，能保证混凝土的质量均匀，一般用于混凝土制备点（商品混凝土站）与浇筑点距离较远时使用。它的运送方式有两种：一是在 10km 范围内作短距离运送时，只作运输工具使用，即将拌合好的混凝土接送至浇筑点，在运输途中为防止混凝土分离，让搅拌筒只作低速搅动，使混凝土拌合物不致分离、凝结；二是在运距较长时，搅拌运输两者兼用，即先在混凝土拌合站将干料：砂、石、水泥按配比装入搅拌鼓筒内，并将水注入配水箱，开始只作干料运送，然后在到达距使用点 10～15min 路程时，启动搅拌筒回转，并向搅拌筒注入定量的水，这样在运输途中边运输边搅拌成混凝土拌合物，送至浇筑点卸出。

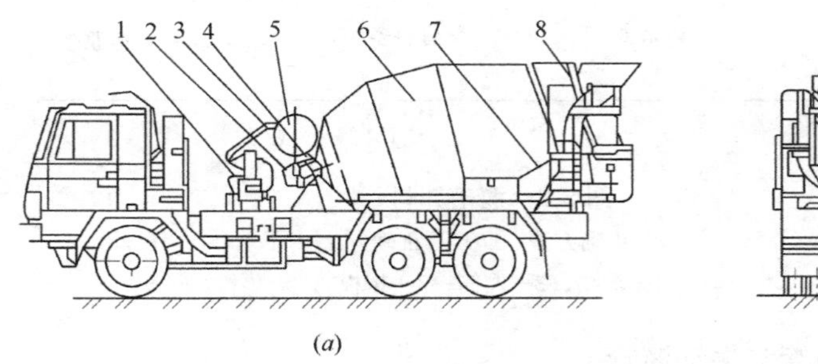

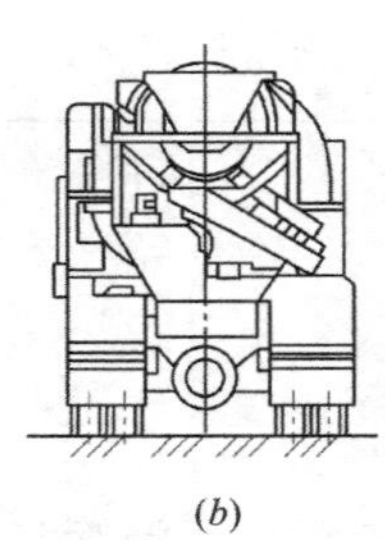

图 5-1　混凝土搅拌运输车

（*a*）侧视图；（*b*）后视图

1—泵连接组件；2—减速机总成；3—液压系统；4—机架；5—供水系统；6—搅拌筒；7—操纵系统；8—进出料装置

2. 辅助运输

运输混凝土的辅助设备有吊罐、集料斗、溜槽、溜管等。用于混凝土装料、卸料和转运入仓，对于保证混凝土质量和运输工作顺利进行起着相当大的作用。

（1）溜槽与振动溜槽

溜槽为钢制槽子（钢模），可从皮带机、自卸汽车、斗车等受料，将混凝土转送入仓。其坡度可由试验确定，常采用 45°左右。当卸料高度过大时，可采用振动溜槽。振动溜槽装有振动器，单节长 4～6m，拼装总长可达 30m，其输送坡度由于振动器的作用可放缓至 15°～20°。采用溜槽时，应在溜槽末端加设 1～2 节溜管或挡板（图 5-2），以防止混凝土料在下滑过程中分离。

利用溜槽转运入仓，是大型机械设备难以控制部位的有效入仓手段。

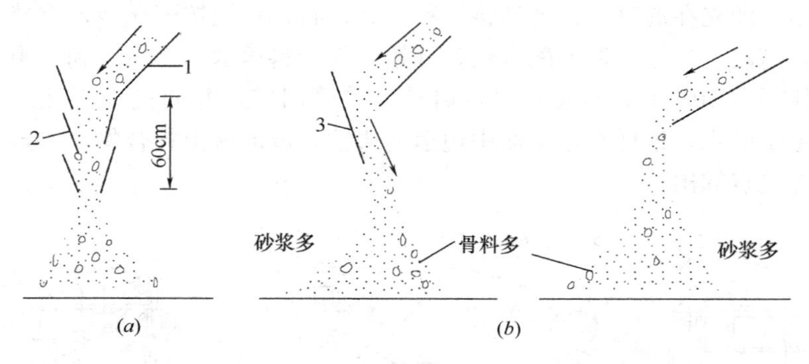

图 5-2　溜槽卸料

(*a*) 正确方法；(*b*) 不正确方法

1—溜槽；2—溜筒；3—挡板

(2) 溜管与振动溜管

溜管(溜筒) 由多节铁皮管串挂而成。每节长 0.8～1m，上大下小，相邻管节铰挂在一起，可以拖动，如图 5-3 所示。采用溜管卸料可起到缓冲消能作用，以防止混凝土料分离和破碎。

溜管卸料时，其出口离浇筑面的高差应不大于 1.5m。并利用拉索拖动均匀卸料，但应使溜管出口段约 2m 长与浇筑面保持垂直，以避免混凝土料分离。随着混凝土浇筑面的上升，可逐节拆卸溜管下端的管节。

溜管卸料多用于断面小、钢筋密的浇筑部位，其卸料半径为 1～1.5m，卸料高度不大于 10m。

振动溜管与普通溜管相似，但每隔 4～8m 的距离装有一个振动器，以防止混凝土料中途堵塞，其卸料高度可达 10～20m。

(3) 吊罐

吊罐通过自卸汽车受料，供吊装机械吊至浇筑仓位（图 5-4)。

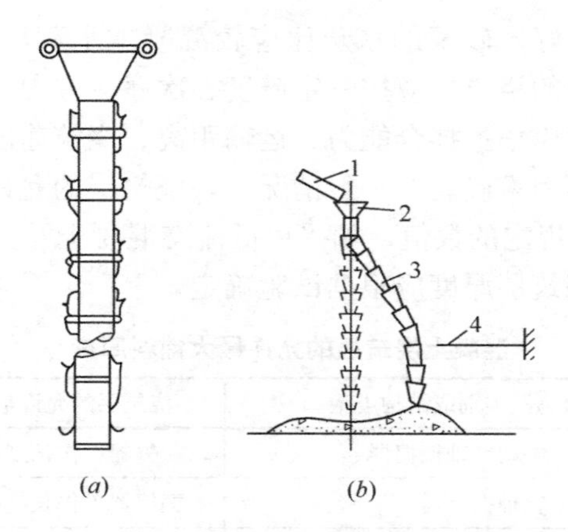

图 5-3 溜筒

（a）垂直位置；（b）拉向一侧卸料

1—运料工具；2—受料斗；3—溜管；4—拉索

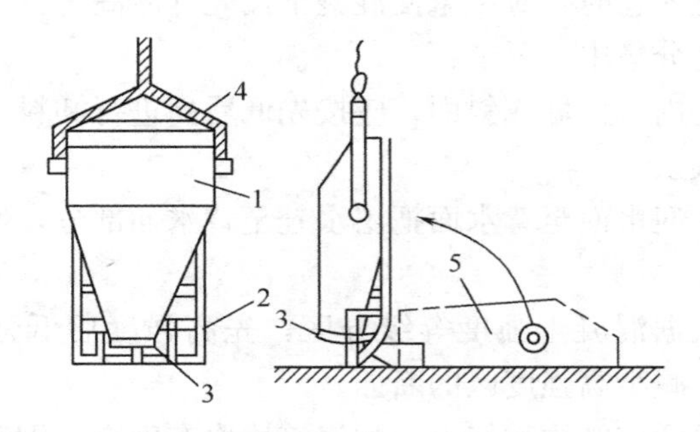

图 5-4 混凝土卧罐

1—装料斗；2—滑架；3—斗门；4—吊梁；5—平卧状态

（三）混凝土的浇筑和振捣

1. 铺料

混凝土开始浇筑前，要在岩面或老混凝土面上，先铺一层2～3cm 厚的水泥砂浆（接缝砂浆）以保证新混凝土与基岩或老混凝土结合良好。砂浆的水灰比应较混凝土水灰比减少 0.03～0.05。混凝土的浇筑，应按一定厚度、次序、方向分层推进。

铺料厚度应根据拌合能力、运输距离、浇筑速度、气温及振捣器的性能等因素确定。一般情况下，浇筑层的允许最大厚度不应超过表 5-4 规定的数值，如采用低流态混凝土及大型强力振捣设备时，其浇筑层厚度应根据试验确定。

混凝土浇筑层的允许最大铺料厚度 **表 5-4**

项次	振捣器类别或结构类型		浇筑层的允许最大铺料厚度
1	插入式	电动硬轴振捣器	振捣器工作长度的 0.8 倍
		软轴振捣器	振捣器工作长度的 1.25 倍
2	表面式	在无筋或单层钢筋结构中	250mm
		在双层钢筋结构中	120mm

混凝土入仓时，应尽量使混凝土按先低后高进行，并注意分料，不要过分集中。要求：

(1) 仓内有低塘或斜面，应按先低后高进行卸料，以免泌水集中带走灰浆。

(2) 由迎水面至背水面把泌水赶至背水面部分，然后处理集中的泌水。

(3) 根据混凝土强度等级分区，先高强度后低强度进行下料，以防止减少高强度区的断面。

(4) 要适应结构物特点。如浇筑块内有廊道、钢管或埋件的仓位，卸料必须两侧平起，廊道、钢管两侧的混凝土高差不得超过铺料的层厚（一般 30～50cm）。

常用的铺料方法有以下三种：

(1) 平层浇筑法

平层浇筑法是混凝土按水平层连续地逐层铺填，第一层浇完后再浇第二层，依次类推直至达到设计高度，如图 5-5（*a*）所示。

平层浇筑法，因浇筑层之间的接触面积大（等于整个仓面面

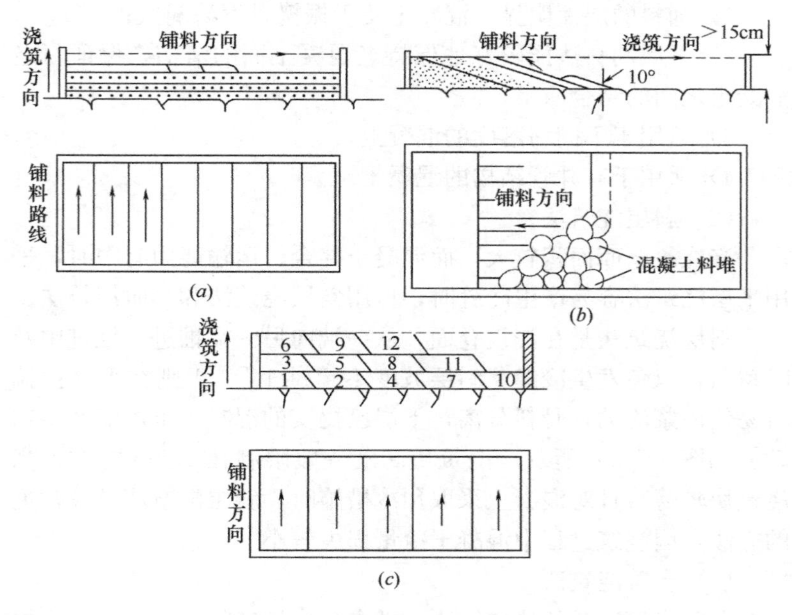

图 5-5　混凝土浇筑方法

(a) 平层浇筑法；(b) 斜层浇筑法；(c) 台阶浇筑法

积)，应注意防止出现冷缝（即铺填上层混凝土时，下层混凝土已经初凝)。为了避免产生冷缝，仓面面积 A 和浇筑层厚度 h 必须满足

$$Ah \leqslant KQ(t_2 - t_1)$$

式中　A——浇筑仓面最大水平面积，m^2；

h——浇筑厚度，取决于振捣器的工作深度，一般为 0.3～0.5m；

K——时间延误系数，可取 0.8～0.85；

Q——混凝土浇筑的实际生产能力，m^3/h；

t_2——混凝土初凝时间，h；

t_1——混凝土运输、浇筑所占时间，h。

平层铺料法实际应用较多，有以下特点：

1）铺料的层面明显，混凝土便于振捣，不易漏振；

2）平层铺料法能较好地保持老混凝土面的清洁，保证新老混凝土之间的结合质量；

3）适用于不同坍落度的混凝土；

4）适用于有井管结构的混凝土。

（2）斜层浇筑法

当浇筑仓面面积较大，而混凝土拌合、运输能力有限时，采用平层浇筑法容易产生冷缝时，可用斜层浇筑法和台阶浇筑法。

斜层浇筑法是在浇筑仓面，从一端向另一端推进，推进中及时覆盖，以免发生冷缝。斜层坡度不超过10°，否则在平仓振捣时易使砂浆流动，骨料分离，下层已捣实的混凝土也可能产生错动。如图5-5(*b*）所示。浇筑块高度一般限制在1.5m左右。当浇筑块较薄，且对混凝土采取预冷措施时，斜层浇筑法是较常见的方法，因浇筑过程中混凝土冷量损失较小。

（3）台阶浇筑法

台阶浇筑法是从块体短边一端向另一端铺料，边前进、边加高，逐步向前推进并形成明显的台阶，直至把整个仓位浇到收仓高程。浇筑坝体迎水面仓位时，应顺坝轴线方向铺料。如图5-5（*c*）所示。

施工要求如下：

1）浇筑块的台阶层数以3～5层为宜，层数过多，易使下层混凝土错动，并使浇筑仓内平仓振捣机械上下频率调动，容易造成漏振。

2）浇筑过程中，要求台阶层次分明。铺料厚度一般为0.3～0.5m，台阶宽度应大于1.0m，长度应大于2～3m，坡度不大于1∶2。

3）水平施工缝只能逐步覆盖，必须注意保持老混凝土面的湿润和清洁。接缝砂浆在老混凝土面上边摊铺边浇混凝土。

4）平仓振捣时注意防止混凝土分离和漏振。

5）在浇筑中如因机械和停电等故障而中止工作时，要做好停仓准备，即必须在混凝土初凝前，把接头处混凝土振捣密实。

应该指出，不管采用上述何种铺筑方法，浇筑时相邻两层混凝土的间歇时间不允许超过混凝土铺料允许间隔时间。混凝土允许间隔时间是指自混凝土拌合机出料口到初凝前覆盖上层混凝土为止的这一段时间，它与气温、太阳辐射、风速、混凝土入仓温度、水泥品种、掺外加剂品种等条件有关，见表5-5。

混凝土浇筑允许间隔时间（min）　　**表5-5**

混凝土浇筑时的气温（℃）	允许间隔时间	
	普通硅酸盐水泥	矿渣硅酸盐水泥及火山灰质硅酸盐水泥
20～30	90	120
10～20	135	180
5～10	195	

注：本表数值未考虑外加剂、混合料及其他特殊施工措施的影响。

2. 平仓

平仓是把卸入仓内成堆的混凝土摊平到要求的均匀厚度。平仓不好会造成离析，使骨料架空，严重影响混凝土质量。

（1）人工平仓

人工平仓用铁锹，平仓距离不超过3m。只适用以下场合：

1）在靠近模板和钢筋较密的地方，用人工平仓，使石子分布均匀。

2）水平止水、止浆片底部要用人工送料填满，严禁料罐直接下料，以免止水、止浆片卷曲和底部混凝土架空。

3）门槽、机组预埋件等空间狭小的二期混凝土。

4）各种预埋件、观测设备周围用人工平仓，防止位移和损坏。

（2）振捣器平仓

振捣器平仓时应将振捣器斜插入混凝土料堆下部，使混凝土向操作者位置移动，然后一次一次地插向料堆上部，直至混凝土摊平到规定的厚度为止。如将振捣器垂直插入料堆顶部，平仓工效固然较高，但易造成粗骨料沿锥体四周下滑，砂浆则集中在中间形成砂浆窝，影响混凝土匀质性。经过振动摊平的混凝土表面可能已经泛出砂浆，但内部并未完全捣实，切不可将平仓和振捣合二为一，影响浇筑质量。

3. 振捣

振捣是振动捣实的简称，它是保证混凝土浇筑质量的关键工序。振捣的目的是尽可能减少混凝土中的空隙，以清除混凝土内部的孔洞，并使混凝土与模板、钢筋及埋件紧密结合，从而保证混凝土的最大密实度，提高混凝土质量。详见第四章第五节内容。

（四）施 工 缝 设 置

如果由于技术或施工组织上的原因，不能对混凝土结构一次连续浇筑完毕，而必须停歇较长的时间，其停歇时间已超过混凝土的初凝时间，致使混凝土已初凝；当继续浇混凝土时，形成了接缝，即为施工缝。

（1）施工缝的留设位置。施工缝设置的原则，一般宜留在结构受力（剪力）较小且便于施工的部位；柱子的施工缝宜留在基础与柱子交接处的水平面上，或梁的下面，或吊车梁牛腿的下面、吊车梁的上面、无梁楼盖柱帽的下面，如图 5-6 所示；高度

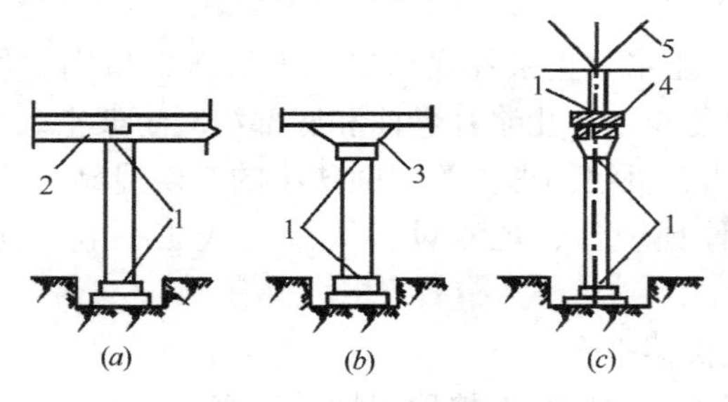

图 5-6　柱子施工缝的位置

（*a*）肋形楼板柱；（*b*）无梁楼板柱；（*c*）吊车梁柱

1—施工缝；2—梁；3—柱帽；4—吊车梁；5—屋架

大于 1m 的钢筋混凝土梁的水平施工缝，应留在楼板底面下 20～30mm 处，当板下有梁托时，留在梁托下部；单向平板的施工缝，可留在平行于短边的任何位置处；对于有主次梁的楼板结构，宜顺着次梁方向浇筑，施工缝应留在次梁跨度的中间 1/3 范围内，如图 5-7 所示。

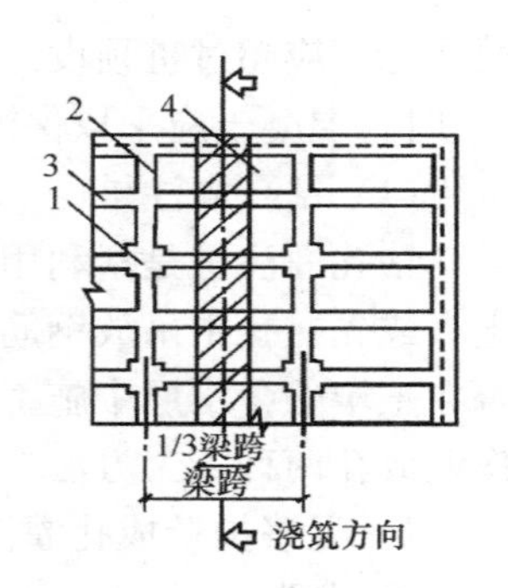

图 5-7　有梁板的施工缝位置

1—柱；2—主梁；3—次梁；4—板

（2）施工缝的处理。施工缝处继续浇筑混凝土时，应待混凝土的抗压强度不小于 1.2MPa 方可进行；施工缝浇筑混凝土之前，应除去施工缝表面的水泥薄膜、松动石子和软弱的混凝土层，处理方法有风砂枪喷毛、高压水冲毛、风镐凿毛或人工凿毛，并加以充分湿润和冲洗干净，不得有积水；浇筑时，施工缝处宜先铺水泥浆（水泥：水＝1：0.4），或与混凝土成分相同的水泥砂浆一层，厚度为 30～50mm，以保证接缝的质量；浇筑过程中，施工缝应细致捣实，使其紧密结合。

（五）现浇结构混凝土浇筑

1. 现浇桩基础

现浇桩基础主要涉及混凝土灌注桩的施工。混凝土灌注桩是直接在施工现场桩位上成孔，然后在孔内安装钢筋笼，浇筑混凝土成桩。灌注桩按成孔方法分为：钻孔灌注桩、人工挖孔灌注桩、沉管灌注桩等。

混凝土坍落度的要求是：用导管水下灌注混凝土宜为 160～220mm，非水下直接灌注的混凝土宜为 80～100mm，非水下素混凝土宜为 60～80mm。

桩孔检查合格后，应尽快灌注混凝土。灌注混凝土时，桩顶灌注标高应超过桩顶设计标高的半米以上。灌注时环境温度低于0℃时，混凝土应采取保温措施。

(1) 钻孔灌注桩

钻孔灌注桩是指利用钻孔机械钻出桩孔，并在孔中浇筑混凝土（或先在孔中吊放钢筋笼）而成的桩。根据钻孔机械的钻头是否在土壤的含水层中施工，钻孔灌注桩又分为泥浆护壁成孔和干作业成孔两种施工方法。

1) 泥浆护壁成孔灌注桩

① 成孔

泥浆护壁成孔是利用原土自然造浆或人工造浆浆液进行护壁，通过循环泥浆将被钻头切下的土块携带排出孔外成孔，然后安装绑扎好的钢筋笼，导管法水下灌注混凝土沉桩。

泥浆护壁成孔灌注桩成孔方法按成孔机械分类有钻机成孔（回转钻机成孔、潜水钻机成孔、冲击钻机成孔）和冲抓锥成孔。

② 清孔

成孔后，即进行验孔和清孔。验孔是用探测器检查桩位、直径、深度和孔道情况；清孔即清除孔底沉渣、淤泥浮土，以减少桩基的沉降量，提高承载能力。

③ 水下浇筑混凝土

在灌注桩、地下连续墙等基础工程中，常要直接在水下浇筑混凝土。其方法是利用导管输送混凝土并使之与环境水隔离，依靠管中混凝土的自重，使管口周围的混凝土在已浇筑的混凝土内部流动、扩散，以完成混凝土的浇筑工作。

在施工时，先将导管放入孔中（其下部距离底面约100mm)，用麻绳或铅丝将球塞悬吊在导管内水位以上的0.2m（塞顶铺2～3层稍大于导管内径的水泥纸袋，再散铺一些干水泥，以防混凝土中骨料卡住球塞)，然后浇入混凝土，当球塞以上导管和承料漏斗装满混凝土后，剪断球塞吊绳，混凝土靠自重推动球塞下落，冲向基底，并向四周扩散。球塞冲出导管，浮至水面，可重复使用。冲入基底的混凝土将管口包住，形成混凝土堆。同时不断地将混凝土浇入导管中，管外混凝土面不断被管内的混凝土挤压上升。随着管外混凝土面的上升，导管也逐渐提高（到一定高度，可将导管顶段拆下）。但不能提升过快，必须保证导管下端始终埋入混凝土内，其最大埋置深度不宜超过 5m。混凝土浇筑的最终高程应高于设计标高约 100mm，以便清除强度低的表层混凝土（清除应在混凝土强度达到 2～2.5MPa 后方可进行）。

导管法浇筑水下混凝土的关键：一是保证混凝土的供应量应大于导管内混凝土必须保持的高度和开始浇筑时导管埋入混凝土堆内必需的埋置深度所要求的混凝土量；二是严格控制导管提升高度，且只能上下升降，不能左右移动，以避免造成管内返水事故。

2）干作业钻孔灌注桩

干作业钻孔灌注桩是先用钻机在桩位处进行钻孔，然后在桩孔内放入钢筋骨架，再灌筑混凝土而成桩。干作业成孔一般采用螺旋钻机钻孔。

干作业钻孔灌注桩的施工工艺为：螺旋钻机就位对中→钻进成孔、排土→钻至预定深度、停钻→起钻，测孔深、孔斜、孔径→清理孔底虚土→钻机移位→安放钢筋笼→安放混凝土溜筒→灌溉混凝土成桩→桩头养护。

钻机就位后，钻杆垂直对准桩位中心，开钻时先慢后快，减少钻杆的摇晃，及时纠正钻孔的偏斜或位移。钻孔时，螺旋刀片旋转削土，削下的土沿整个钻杆螺旋叶片上升而涌出孔外，钻杆可逐节接长直至钻到设计要求规定的深度。用导向钢筋将钢筋骨架送入孔内，同时防止泥土杂物掉进孔内。钢筋骨架就位后，应立即灌注混凝土，以防塌孔。灌注时，应分层浇筑、分层捣实，每层厚度 50～60cm。

（2）人工挖孔灌注桩

人工挖孔灌注桩是采用人工挖掘方法成孔，然后放置钢筋笼，浇筑混凝土而成的桩基础。

施工时，为确保挖土成孔施工安全，必须考虑预防孔壁坍塌和流砂现象发生的措施。护壁可以采用现浇混凝土护壁、沉井护壁等。

1）现浇混凝土护壁

现浇混凝土护壁法施工即分段开挖、分段浇筑混凝土护壁，既能防止孔壁坍塌，又能起到防水作用。

桩孔采取分段开挖，每段高度取决于土壁直立状态的能力，一般 0.5～1.0m 为一施工段，开挖井孔直径为设计桩径加混凝土护壁厚度。

护壁施工段，即支设护壁内模板（工具式活动钢模板）后浇筑混凝土，模板的高度取决于开挖土方施工段的高度，一般为1m，由 4 块至 8 块活动钢模板组合而成，支成有锥度的内模。内模支设后，吊放用角钢和钢板制成的两半圆形合成的操作平台入桩孔内，置于内模板顶部，以放置料具和浇筑混凝土操作之用。混凝土的强度一般不低于 C15，浇筑混凝土时要注意振捣密实。

当护壁混凝土强度达到 1MPa（常温下约 24h）可拆除模板，开挖下段的土方，再支模浇筑护壁混凝土，如此循环，直至挖到设计要求的深度。

当桩孔挖到设计深度，并检查孔底土质是否已达到设计要求后，再在孔底挖成扩大头。待桩孔全部成型后，用潜水泵抽出孔底的积水，然后立即浇筑混凝土。当混凝土浇筑至钢筋笼的底面设计标高时，再吊入钢筋笼就位，并继续浇筑桩身混凝土而形成桩基。

2）沉井护壁

当桩径较大，挖掘深度大，地质复杂，土质差（松软弱土层），且地下水位高时，应采用沉井护壁法挖孔施工。

沉井护壁施工是先在桩位上制作钢筋混凝土井筒，井筒下捣制钢筋混凝土刃脚，然后在筒内挖土掏空，井筒靠其自重或附加荷载来克服筒壁与土体之间的摩擦阻力，边挖边沉，使其垂直地下沉到设计要求深度。

2. 框架结构

框架结构的主要构件有基础、柱、梁、楼板等。其中框架梁、板、柱等构件是沿垂直方向重复出现的，因此，一般按结构层来分层施工。如果平面面积较大，还应分段进行（一般以伸缩缝划分施工段），以便各工序流水作业。混凝土的浇筑顺序是先浇捣柱子，在柱子浇捣完毕后，停歇 1～1.5h，使混凝土达到一定强度后，再浇捣梁和板。

柱宜在梁板模板安装后钢筋未绑扎前浇筑，以便利用梁板模板作横向支撑和柱浇筑操作平台用；一排柱子的浇筑顺序应从两端同时向中间推进，以防柱模板在横向推力下向一方倾斜；当柱子断面小于 400mm×400mm，并有交叉箍筋时，可在柱模侧面每段不超过 2m 的高度开口，插入斜溜槽分段浇筑；开始浇筑柱时，底部应先填 50mm～100mm 厚与混凝土成分相同的水泥砂浆，以免底部产生蜂窝现象；随着柱子浇筑高度的上升，混凝土表面将积聚大量浆水，因此混凝土的水灰比和坍落度，亦应随浇筑高度上升予以递减。

在浇筑与柱连成整体的梁或板时，应在柱浇筑完毕后停歇 1～1.5h，使其获得初步沉实，排除泌水，而后再继续浇筑梁或板。肋形楼板的梁板应同时浇筑，其顺序是先根据梁高分层浇筑成阶梯形，当达到板底位置时即与板的混凝土一起筑；而且倾倒混凝土的方向应与浇筑方向相反；当梁的高度大于 1m 时，可先单独浇梁，并在板底以下 20～30mm 处留设水平施工缝。浇筑无梁楼盖时，在柱帽下 50mm 处暂停，然后分层浇筑柱帽，下料应对准柱帽中心，待混凝土接近楼板底面时，再连同楼板一起浇筑。

此外，与墙体同时整浇的柱子，两侧浇筑高差不能太大，以防柱子中心移动。楼梯宜自下而上一次浇筑完成，当必须留置施工缝时，其位置应在楼梯长度中间 1/3 范围内。对于钢筋较密集处，可改用细石混凝土，并加强振捣以保证混凝土密实。应采取有效措施保证钢筋保护层厚度及钢筋位置和结构尺寸的准确，注意施工中不要踩倒负弯矩部分的钢筋。

3. 悬挑结构

对高空悬挑结构的施工技术，一般要求满足建筑的较高的高度和较大的跨度要求，根据不同的施工荷载采用不同的施工方式，荷载不大于连续三层结构自重，可采用架设钢桁架平台，并在平台上用普通脚手钢管搭设排架、配备钢管顶撑和支撑托的高支模施工。这种高空大悬挑结构高支模的施工方法充分利用原有结构条件，在高空大悬挑结构的下一层，安装钢结构的桁架梁，在桁架梁上安装工字钢，形成安全、可靠的工作平台。在平台上搭设钢管脚手排架、支立模板，施工高空大悬挑的钢筋混凝土结构。然后利用钢平台和排架系统，施工高空大悬挑结构的外装饰、装修工程。验收合格后拆除排架，再化整为零、空中解体，拆除全部钢结构桁架梁。

施工流程包括钢桁架的设计、钢桁架的制作、钢桁架的安装、排架的搭设和模板安装及排架和钢桁架的拆除。

钢桁架的设计要先进行施工荷载计算，然后对钢桁架选型，选型完成后进行内力、变形验算，再根据计算的结果进行优化设计，得到满意的结果后编制专项施工方案并组织专家论证，最后集合各家意见完善专项施工方案。

钢桁架的制作包括材料采购和材料进场抽样检验的过程，然后在工厂或施工现场下料加工，对拼装焊接的部位进行焊缝检验，最后加工完成的结构构件要检查验收。

钢桁架的安装要先预埋铁件并检查验收。在安装前，先测量放线，再进行钢桁架的吊装，吊装到位后，对钢桁架拼装、校正、固定、焊接，然后进行水平、垂直支撑安装，对焊接部位进行焊缝检查、检测，并铺焊工字钢平台，在此过程中要注意防雷接地和安全防护，安装完成后做好检查验收工作。

排架的搭设之前同样要先测量放线，然后在工字钢平台上焊接钢筋头，对准钢筋头竖钢管立杆，安装扫地杆，然后再安装大、小横杆并接长立杆，安装水平、垂直剪刀撑梁，撑梁安好后板底操平放线，安装梁板底大小横杆，并调整顶撑或支撑托。

模板安装一般先安装小楞、铺放梁板底模板再在模板内安装梁、板钢筋，钢筋绑好后再安装梁侧模，并在梁柱节点处封模，完成后进行钢筋验收，高支模系统自检、自查，最后检查验收，没有问题后浇筑混凝土。

排架和钢桁架的拆除应在混凝土强度达到设计要求后进行，先拆除梁板的模板和部分钢管，铺脚手板、安全防护，在进行混凝土结构隐蔽验收，验收完成后进行施工梁板底的外装饰工程并验收装饰工程，然后拆除钢管排架，拆除工字钢平台，拆除水平、垂直支撑最后钢桁架逐榀解体、吊运落地。

（六）混凝土拆模与养护

1. 混凝土拆模

模板的拆除日期取决于混凝土的强度、各个模板的用途、结构的性质、混凝土硬化时的气温等。及时拆模可提高模板的周转率，也可为其他工种施工创造条件。但过早拆模，混凝土会因强度不足，或受到外力作用而变形甚至断裂，造成重大质量事故。

（1）侧模板

侧模板拆除时的混凝土强度应能保证其表面及棱角不因拆除模板而受损坏。

（2）底模板及支架

底模板及支架拆除时的混凝土强度应符合设计要求；当无设计要求时，混凝土强度应符合表 5-6 的规定。

底模拆除时的混凝土强度要求　　表 5-6

构件类型	构件跨度（m）	达到设计抗压强度标准值的百分率（%）
板	≤2	≥50
	>2，8≤	≥75
	>8	≥100

续表

构件类型	构件跨度（m）	达到设计抗压强度标准值的百分率（%）
梁、拱、壳	≤8	≥75
	>8	≥100
悬臂构件	—	≥100

（3）拆模顺序

一般是先支后拆，后支先拆，先拆除侧模板，后拆除底模板。重大复杂模板的拆除，事先应制定拆模方案。对于肋形楼板的拆模顺序，首先拆除柱模板，然后拆除楼板底模板、梁侧模板，最后拆除梁底模板。

多层楼板模板支架的拆除，应按下列要求进行：上层楼板正在浇筑混凝土时，下一层楼板的模板支撑不得拆除，再下一层楼板模板的支架仅可拆除一部分；跨度≥4m的梁均应保留支架，其间距不得大于3m。

（4）拆模注意事项

模板拆除时，不应对楼层形成冲击荷载。拆模时应尽量避免混凝土表面或模板受到损坏。拆除的模板和支撑应及时清理、修整，按尺寸和种类分别堆放，以便下次使用。若定型组合钢模板背面油漆脱落，应补刷防锈漆。已拆除模板和支架的结构，应在混凝土达到设计强度指标后，才允许承受全部使用荷载。当承受施工荷载产生的效应比使用荷载更为不利时，必须经过核算，并加设临时支撑。

2. 混凝土养护

混凝土浇筑完毕后，在一个相当长的时间内，应保持其适当的温度和足够的湿度，以造成混凝土良好的硬化条件，这就是混凝土的养护工作。混凝土表面水分不断蒸发，如不设法防止水分损失，水化作用未能充分进行，混凝土的强度将受到影响，还可能产生干缩裂缝。因此混凝土养护的目的，一是创造有利条件，使水泥充分水化，加速混凝土的硬化；二是防止混凝土成型后因曝晒、风吹、干燥等自然因素影响，出现不正常的收缩、裂缝等现象。

混凝土的养护方法分为自然养护和热养护两类，见表5-7。养护时间取决于当地气温、水泥品种和结构物的重要性见表5-8。

混凝土的养护 **表5-7**

类别	名称	说明
自然养护	洒水（喷雾）养护	在混凝土面不断洒水（喷雾），保持其表面湿润
	覆盖浇水养护	在混凝土面覆盖湿麻袋、草袋、湿砂、锯末等，不断洒水保持其表面湿润
	围水养护	四周围成土埂，将水蓄在混凝土表面
	铺膜养护	在混凝土表面铺上薄膜，阻止水分蒸发
	喷膜养护	在混凝土表面喷上薄膜，阻止水分蒸发
热养护	蒸汽养护	利用热蒸气对混凝土进行湿热养护
	热水（热油）养护	将水或油加热，将构件搁置在其上养护
	电热养护	对模板加热或微波加热养护
	太阳能养护	利用各种罩、窑、集热箱等封闭装置对构件进行养护

混凝土养护时间（d） **表5-8**

水泥种类	养护时间
硅酸盐水泥、普通硅酸盐水泥	14
火山灰质硅酸盐水泥、矿渣硅酸盐水泥、粉煤灰硅酸盐水泥、硅酸盐大坝水泥	21

注：重要部位和利用后期强度的混凝土，养护时间不少于28d。夏季和冬期施工的混凝土，以及有温度控制要求混凝土养护时间按设计要求进行。

3. 混凝土保护

（1）混凝土表面保护的目的和作用

1）在低温季节，混凝土表面保护可减小混凝土表层温度梯度及内外温差，保持混凝土表面温度，防止产生裂缝。

2）在高温季节，对混凝土表面进行保护，可防止外界高温热量向混凝土倒灌。如某工程用4cm厚棉被套及一层塑料布覆盖新浇混凝土顶面，它较不设覆盖的混凝土表层气温低7～8℃。

3）减小混凝土表层温度年变化幅度，可防止因年变幅过大产生混凝土开裂。

4）防止混凝土产生超冷，避免产生贯穿裂缝。

5）延缓混凝土的降温速度，以减小新老混凝土上、下层的约束温差。

（2）表面保护的分类

按持续时间分类见表5-9，按材料性状分类见表5-10。

按持续时间分类 **表5-9**

分类	保护目的	保护持续时间	保温部位
短期保护	防止混凝土早期由于寒潮或拆模等引起温度骤降而发生表面裂缝	根据当地气温情况，经论证确定。一般3～15d	浇筑块侧面、顶面
长期保护	减小气温年变化的影响	数月至数年	坝体上、下游面或长期外露面
冬季保护	防裂及防冻	根据不同需要，延至整个冬季	浇筑块侧面、顶面

按材料性状分类 **表5-10**

分类	保护材料	保护部位
层状保护	稻草帘、稻草袋、玻璃棉毡、油毛毡、泡沫塑料毡和岩棉板	侧面、顶面
粒状保护	锯末、砂、炉渣、各种砂质土壤	顶面
板式保护	混凝土板、木丝板、刨花板、泡沫苯乙烯板、锯末板、厚纸板、泡沫混凝土板、稻草板	侧面
组合式保护	板材做成箱、内装粒状材料，气垫	寒冷地区使用于侧面
喷涂式保护	珍珠岩、高分子塑料	侧面，高空部位

（3）表面保护材料选择选用原则：根据混凝土表面保护的目的不同（防冻和防裂或兼而有之），应选择不同的保护措施。一般情况，防冻是短期的，而防裂是长期的。所以，在选用保护材料和其结构形式时，要注意长短期结合。

尽量选用不易燃、吸湿性小、耐久和便于施工的材料。混凝土板、木丝板、岩棉板、泡沫混凝土、珍珠岩、泡沫塑料板等材料应优先选用。

（4）保护层结构型式的选用

1）需长期保护的侧面，保护层应放在模板的内侧，或者用保护层代替模板的面板。岩棉板、泡沫混凝土板、泡沫塑料板、珍珠岩板等可以用于前者；木丝板、大颗粒珍珠岩板可用于后者。在保护材料内侧应放一层油毡纸或塑料布，防止保护材料吸收混凝土中的水分。这种保护的优点是，拆模时只把模板或模板的承重架拆除，保护层仍留在混凝土表面，这样，既能保证模板的周转使用，又避免了二次保护的工作。

2）短期保护的侧面，依照保护要求和保护材料的放热系数确定保护层的结构形式，在寒冷地区最好采用组合式保护。

（七）混凝土季节性施工

1. 混凝土冬期施工

（1）混凝土冬期施工的一般要求

《建筑工程冬期施工规程》JGJ 104—2011 规定：当室外日平均气温连续 5d 稳定低于 5℃即进入冬期施工，需要采取相应的防寒保温措施，避免混凝土受到冻害。

混凝土在低温条件下，水化凝固速度大为降低，强度增长受到阻碍。当气温在−2℃时，混凝土内部水分结冰，不仅水化作用完全停止，而且结冰后由于水的体积膨胀，使混凝土结构受到损害，当冰融化后，水化作用虽将恢复，混凝土强度也可持续增长，但最终强度必然降低。试验资料表明：混凝土受冻越早，最终强度降低越大。如在浇筑后3～6h受冻，最终强度至少降低50%以上；如在浇筑后2～3d受冻，最终强度降低只有15%～20%。如混凝土强度达到设计强度的50%以上（在常温下养护3～5d）时再受冻，最终强度则降低极小，甚至不受影响，因此，低温季节混凝土施工，首先要防止混凝土早期受冻。

（2）冬期施工措施

低温季节混凝土施工可以采用人工加热、保温蓄热及加速凝固等措施，使混凝土入仓浇筑温度不低于5℃；同时保证混凝土浇筑后的正温养护条件，在未达到允许受冻临界强度以前不遭受冻结。

1）调整配合比和掺外加剂

① 对非大体积混凝土，采用发热量较高的快凝水泥；

② 提高混凝土的配制强度；

③ 掺早强剂或早强剂减水剂。其中氯盐的掺量应按有关规定严格控制，并不适应于钢筋混凝土结构；

④ 采用较低的水灰比；

⑤ 掺引气剂可减缓混凝土冻结时在其内部水结冰时产生的静水压力，从而提高混凝土的早期抗冻性能。但含气量应限制在3%～5%。因为，混凝土中含气量每增加1%，会使强度损失5%，为弥补由于引气剂招致的强度损失，最好与减水剂并用。

2）原材料加热法

当日平均气温为－2℃～－5℃时，应加热水拌合；当气温再低时，可考虑加热骨料。水泥不能加热，但应保持正温。

水的加热温度不能超过80℃，并且要先将水和骨料拌合后，这时水不超过60℃，以免水泥产生假凝。所谓假凝是指拌合水温超过60℃时，水泥颗粒表面将会形成一层薄的硬壳，使混凝土和易性变差，而后期强度降低的现象。

砂石加热的最高温度不能超过100℃，平均温度不宜超过65℃，并力求加热均匀。对大中型工程，常用蒸汽直接加热骨料，即直接将蒸汽通过需要加热的砂、石料堆中，料堆表面用帆布盖好，防止热量损失。

3）蓄热法

蓄热法是将浇筑法的混凝土在养护期间用保温材料加以覆盖，尽可能把混凝土在浇筑时所包含的热量和凝固过程中产生的水化热蓄积起来，以延缓混凝土的冷却速度，使混凝土在达到抗冰冻强度以前，始终保证正温。

4）加热养护法

当采用蓄热法不能满足要求时可以采用加热养护法，即利用外部热源对混凝土加热养护，包括暖棚法、蒸汽加热法和电热法等。大体积混凝土多采用暖棚法，蒸汽加热法多用于混凝土预制构件的养护。

① 暖棚法。即在混凝土结构周围用保温材料搭成暖棚，在棚内安设热风机、蒸汽排管、电炉或火炉进行采暖，使棚内温度保持在 15℃～20℃以上，保证混凝土浇筑和养护处于正温条件下。暖棚法费用较高，但暖棚为混凝土硬化和施工人员的工作创造了良好的条件。此法适用于寒冷地区的混凝土施工。

② 蒸汽加热法。利用蒸汽加热养护混凝土，不仅使新浇混凝土得到较高的温度，而且还可以得到足够的湿度，促进水化凝固作用，使混凝土强度迅速增长。

③ 电热法。是用钢筋或薄铁片作为电极，插入混凝土内部或贴附于混凝土表面，利用新浇混凝土的导电性和电阻大的特点，通以 50～100V 的低压电，直接对混凝土加热，使其尽快达到抗冻强度。由于耗电量大，大体积混凝土较少采用。

上述几种施工措施，在严寒地区往往是同时采用，并要求在拌合、运输、浇筑过程中，尽量减少热量损失。

（3）冬期施工注意事项

冬期施工应注意：

1）砂石骨料宜在进入低温季节前筛洗完毕。成品料堆应有足够的储备和堆高，并进行覆盖，以防冰雪和冻结。

2）拌合混凝土前，应用热水或蒸汽冲洗搅拌机，并将水或冰排除。

3）混凝土的拌合时间应比常温季节适当延长。延长时间应通过试验确定。

4）在岩石基础或老混凝土面上浇筑混凝土前，应检查其温度。如为负温，应将其加热成正温。加热深度不小于10cm，并经验证合格方可浇筑混凝土。仓面清理宜采用喷洒温水配合热风枪，寒冷期间亦可采用蒸汽枪，不宜采用水枪或风水枪。在软基上浇筑第一层混凝土时，必须防止与地基接触的混凝土遭受冻害和地基受冻受形。

5）混凝土搅拌机应设在搅拌棚内并设有采暖设备，棚内温度应高于5℃。混凝土运输容器应有保温装置。

6）浇筑混凝土前和浇筑过程中，应注意清除钢筋、模板和浇筑设施上附着的冰雪和冻块，严禁将冻雪冻块带入仓内。

7）在低温季节施工的模板，一般在整个低温期间都不宜拆除。如果需要拆除，要求：

① 混凝土强度必须大于允许受冻的临界强度；

② 具体拆模时间及拆模后的要求，应满足温控制防裂要求。当预计拆模后混凝土表面降温可能超过6℃～9℃时，应推迟拆模时间：如必须拆模时，应在拆模后采取保护措施。

8）低温季节施工期间，应特别注意温度检查。

2. 混凝土夏季施工

（1）高温环境对新拌及刚成型混凝土的影响

1）拌制时，水泥容易出现假凝现象。

2）运输时，坍落度损失大，捣固或泵送困难。

3）成型后直接曝晒或干热风影响，混凝土面层急剧干燥，外硬内软，出现塑性裂缝。

4）昼夜温差较大，易出现温差裂缝。

（2）夏季高温期混凝土施工的技术措施

1）原材料

① 掺用外加剂（缓凝剂、减水剂）；

② 用水化热低的水泥；

③ 供水管埋入水中，贮水池加盖，避免太阳直接曝晒；

④ 当天用的砂、石用防晒棚遮蔽；

⑤ 用深井冷水或冰水拌合，但不能直接加入冰块。

2）搅拌运输

① 送料装置及搅拌机不宜直接曝晒，应有荫棚；

② 搅拌系统尽量靠近浇筑地点；

③ 运输设备保温遮盖。

3）模板

① 因干缩出现的模板裂缝，应及时填塞；

② 浇筑前充分将模板淋湿。

4）浇筑

① 适当减小浇筑层厚度，从而减少内部温差；

② 浇筑后立即用薄膜覆盖，不使水分外逸；

③ 露天预制场宜设置可移动荫棚，避免制品直接曝晒。

3. 混凝土雨季施工

混凝土工程在雨季施工时，应作好以下准备工作：

（1）砂石料场的排水设施应畅通无阻；

（2）浇筑仓面宜有防雨设施；

（3）运输工具应有防雨及防滑设施；

（4）加强骨料含水量的测定工作，注意调整拌合用水量。

混凝土在无防雨棚仓面小雨中进行浇筑时，应采取以下技术措施：

（1）减少混凝土拌合用水量；

（2）加强仓面积水的排除工作；

（3）做好新浇混凝土面的保持工作；

（4）防止周围雨水流入仓面。

无防雨棚的仓面，在浇筑过程中，如遇大雨、暴雨，应立即停止浇筑，并遮盖混凝土表面。雨后必须先行排除仓内积水，受雨水冲刷的部位应立即处理。如停止浇筑的混凝土尚未超出允许间歇时间或还能重塑时，应加砂浆继续浇筑，否则应按施工缝处理。

六、混凝土施工安全控制

（一）安全生产的准备工作

混凝土的施工准备工作，主要是模板、钢筋检查、材料、机具、运输道路准备。安全生产准备工作主要是对各种安全设施认真检查，是否安全可靠及有无隐患，尤其是对模板支撑、脚手架、操作台、架设运输道路及指挥、信号联络等。对于重要的施工部件其安全要求应详细交底。

（二）施工缝处理安全

1. 冲毛、凿毛前应检查所有工具是否可靠。

2. 多人同在一个工作面内操作时，应避免面对面近距离操作，以防飞石、工具伤人。严禁在同一工作面上下层同时操作。

3. 使用风钻、风镐凿毛时，必须遵守风钻、风镐安全技术操作规程。在高处操作时应用绳子将风钻、风镐拴住，并挂在牢固的地方。

4. 检查风砂枪枪嘴时，应先将风阀关闭，并不得面对枪嘴，也不得将枪嘴指向他人。使用砂罐时须遵守压力容器安全技术规程。当砂罐与风砂枪距离较远时，中间应有专人联系。

5. 用高压水冲毛，必须在混凝土终凝后进行。风、水管须装设控制阀，接头应用铅丝扎牢。使用冲毛机操作时，还应穿戴好防护面罩、绝缘手套和长筒胶靴。冲毛时要防止泥水冲到电气设备或电力线路上。工作面的电线灯应悬挂在不妨碍冲毛的安全高度。

6. 仓面冲洗时应选择安全部位排渣，以免冲洗时石渣落下伤人。

（三）混凝土拌合安全

1. 机械操作人员、必须经过安全技术培训，经考试合格，持有“安全作业证”者，才准独立操作。

2. 拌合站内必须按规定设置良好的通风与防尘设备，空气中的粉尘含量不超过国家规定的标准。拌合站的机房、平台、梯道、栏杆必须牢固可靠。

3. 安装机械的地基应平整夯实，用支架或支脚架稳，不准以轮胎代替支撑。机械安装要平稳、牢固。对外露的齿轮、链轮、皮带轮等转动部位应设防护装置。

4. 开机前，应检查电气设备的绝缘和接地是否良好，检查离合器、制动器、钢丝绳、倾倒机构是否完好。搅拌筒应用清水冲洗干净，不得有异物。

5. 启动后应注意搅拌筒转向与搅拌筒上标示的箭头方向一致。待机械运转正常后再加料搅拌。若遇中途停机、停电时，应立即将料卸出，不允许中途停机后重载启动。

6. 搅拌机的加料斗升起时，严禁任何人在料斗下通过或停留，不准用脚踩或用铁锹、木棒往下拨、刮搅拌筒口，工具不能碰撞搅拌机，更不能在转动时，把工具伸进料斗里扒浆。工作完毕后应将料斗锁好，并检查一切保护装置。

7. 未经允许，禁止拉闸、合闸和进行不合规定的电气维修。现场检修时，应固定好料斗，切断电源。进入搅拌筒内工作时，外面应有人监护。

8. 操纵皮带机时，必须正确使用防护用品，禁止一切人员在皮带机上行走和跨越；机械发生故障时应立即停车检修，不得带病运行。

9. 搅拌机作业中，如发生故障不能继续运转时，应立即切断电源、将筒内的混凝土清除干净，然后进行检修。

（四）混凝土运输安全

1. 混凝土泵作业安全技术措施

（1）混凝土泵送设备的放置，距离基坑不得小于 2m，悬臂动作范围内，禁止有任何障碍物和输电线路。

（2）管道敷设线路应接近直线，少弯曲，管道的支撑与固定，必须紧固可靠；管道的接头应密封，“Y”形管道应装接锥形管。

（3）禁止垂直管道直接接在泵的输出口上，应在架设之前安装不小于 10m 的水平管，在水平管近泵处应装逆止阀，敷设向下倾斜的管道，下端应接一段水平管，否则，应用采用弯管等，如倾斜大于 7℃时，应在坡度上端装置排气活塞。

（4）风力大于 6 级时，不得使用混凝土输送悬臂。

（5）混凝土泵送设备的停车制动和锁紧制动应同时使用，水箱应储满水，料斗内不得有杂物，各润滑点应润滑正常。

（6）操作时，操纵开关、调整手柄、手轮、控制杆、旋塞等均应放在正确位置，液压系统应无泄漏。

（7）作业前，必须按要求配制水泥砂浆润滑管道，无关人员应离开管道。

（8）支腿未支牢前，不得启动悬臂；悬臂伸出时，应按顺序进行，严禁用悬臂起吊和拖拉物件。

（9）悬臂在全伸出状态时，严禁移动车身；作业中需要移动时，应将上段悬臂折叠固定；前段的软管应用安全绳系牢。

（10）泵送系统工作时，不得打开任何输送管道的液压管道，液压系统的安全阀不得任意调整。

（11）用压缩空气冲洗管道时，管道出口 10m 内不得站人，并应用金属网拦截冲出物，禁止用压缩空气冲洗悬臂配管。

2. 吊罐吊送混凝土的安全技术措施

（1）使用吊罐前，应对钢丝绳、平衡梁、吊锤（立罐）、吊耳（卧罐）、吊环等起重部件进行检查，如有破损则禁止使用。

（2）吊罐的起吊、提升、转向、下降和就位，必须听从指挥。指挥信号必须明确、准确。

（3）起吊前，指挥人员应得到两侧挂罐人员的明确信号，才能指挥起吊；起吊时应慢速，并应吊离地面 30～50cm 时进行检查，确认稳妥可靠后，方可继续提升或转向。

（4）吊罐吊至仓面，下落到一定高度时，应减慢下降、转向及吊机行车速度，并避免紧急刹车，以免晃荡撞击人体。要慎防吊罐撞击模板、支撑、拉条和预埋件等。

（5）吊罐卸完混凝土后应将斗门关好，并将吊罐外部附着的骨料、砂浆等清除后，方可吊离。放回平板车时，应缓慢下降，对准并放置平稳后方可摘钩。

（6）吊罐正下方严禁站人。吊罐在空间摇晃时，严禁扶拉。吊罐在仓面就位时，不得硬拉。

（7）当混凝土在吊罐内初凝，不能用于浇筑，采用翻罐处理废料时，应采取可靠的安全措施，并有带班人在场监护，以防发生意外。

（8）吊罐装运混凝土时严禁混凝土超出罐顶，以防坍落伤人。

（9）经常检查维修吊罐。立罐门的托辊轴承、卧罐的齿轮，要经常检查紧固，防止松脱坠落伤人。

（五）混凝土平仓振捣安全

1. 浇筑混凝土前应全面检查仓内排架、支撑、模板及平台、漏斗、溜筒等是否安全可靠。

2. 仓内脚手脚、支撑、钢筋、拉条、预埋件等不得随意拆除、撬动。如需拆除、撬动时，应征得施工负责人的同意。

3. 平台上所预留的下料孔，不用时应封盖。平台除出入口外，四周均应设置栏杆和挡板。

4. 仓内人员上下设置靠梯，严禁从模板或钢筋往上攀登。

5. 吊罐卸料时，仓内人员应注意躲开，不得在吊罐正下方停留或操作。

6. 平仓振捣过程中，要经常观察模板、支撑、拉筋等是否变形。如发现变形有倒塌危险时，应立即停止工作，并及时报告。操作时，不得碰撞、触及模板、拉条、钢筋和预埋件。不得将运转中的振捣器，放在模板或脚手架上。仓内人员要集中思想，互相关照。浇筑高仓位时，要防止工具和混凝土骨料掉落仓外，更不允许将大石块抛向仓外，以免伤人。

7. 电动式振捣器须有触电保安器或接地装置，搬移振捣器或中断工作时，必须切断电源。湿手不得接触振捣器的电源开关。振捣器的电缆不得破皮漏电。振捣器应保持清洁，不得有混凝土粘接在电动机外壳上妨碍散热。在一个构件上同时使用几台附着式振捣器工作时，所有振捣器的频率必须相同。

混凝土振捣器使用前应检查各部件是否连接牢固，旋转方向是否正确。振捣器不得放在初凝的混凝土、地板、脚手架、道路和干硬的地面上进行试振，维修或作业间断时，应切断电源。

插入式振捣器软轴的弯曲半径不得小于 50cm，并不多于两个弯，操作时振动棒自然垂直地沉入混凝土，不得用力硬插、斜推或使钢筋夹住棒头。

作业转移时，电动机的导线应保持有足够的长度和松度。严禁用电源线拖拉振捣器。

用绳拉平板振捣器时，绳应干燥绝缘，移动或转向时不得用脚踢电动机。平板振捣器的振捣器与平板应连接牢固，电源线必须固定在平板上，电器开关应装在手把上。

8. 下料溜筒被混凝土堵塞时，应停止下料，立即处理。处理时不得直接在溜筒上攀登。

9. 电气设备的安装拆除或在运转过程中的事故处理，均应由电工进行。

10. 作业后，必须做好清洗、保养工作。振捣器要放在干燥处。

（六）混凝土养护安全

1. 养护用水不得喷射到电线和各种带电设备上。养护人员不得用湿手移动电线。养护水管要随用随关，不得使交通道转梯、仓面出入口、脚手架平台等处有长流水。

2. 在养护仓面上遇有沟、坑、洞时，应设明显的安全标志。必要时，可铺安全网或设置安全栏杆。

3. 禁止在不易站稳的高处向低处混凝土面上直接洒水养护。

4. 高处作业时应执行高处作业安全规程。

七、混凝土施工质量控制

（一）混凝土工程质量控制与检查

混凝土工程质量包括结构外观质量和内在质量。前者指结构的尺寸、位置、高程等；后者则指从混凝土原材料、设计配合比、配料、拌合、运输、浇捣等方面。

1. 原材料的控制检查

（1）水泥

水泥是混凝土主要胶凝材料，水泥质量直接影响混凝土的强度及其性质的稳定性。运至工地的水泥应有生产厂家品质试验报告，工地试验室外必须进行复验，必要时还要进行化学分析。进场水泥每200～400t同厂家、同品种、同强度等级的水泥作一取样单位，如不足200t亦作为一取样单位。可采用机械连续取样，混合均匀后作为样品，其总量不少于10kg。检查的项目有水泥强度等级、凝结时间、体积安定性。必要时应增加稠度、细度、密度和水化热试验。

（2）粉煤灰

粉煤灰每天至少检查1次细度和需水量比。

（3）砂石骨料

在筛分场每班检查1次各级骨料超、逊径、含泥量、砂子的细度模数。

在拌合厂检查砂子、小石的含水量、砂子的细度模数以及骨料的含泥量、超、逊径。

（4）外加剂

外加剂应有出厂合格证，并经试验认可。

2. 混凝土拌合物

拌制混凝土时，必须严格遵守试验室签发的配料单进行称量配料，严禁擅自更改。控制检查的项目有：

（1）衡器的准确性

各种称量设备应经常检查，确保称量准确。

（2）拌合时间

每班至少抽查2次拌合时间，保证混凝土充分拌合，拌合时间符合要求。

（3）拌合物的均匀性

混凝土拌合物应均匀，经常检查其均匀性。

（4）坍落度

现场混凝土坍落度每班在机口应检查4次。

（5）取样检查

按规定在现场取混凝土试样作抗压试验，检查混凝土的强度。

3. 混凝土浇捣质量控制检查

（1）混凝土运输

混凝土运输过程中应检查混凝土拌合物是否发生分离、漏浆、严重泌水及过多降低坍落度等现象。

（2）基础面、施工缝的处理及钢筋、模板、预埋件安装

开仓前应对基础面、施工缝的处理及钢筋、模板、预埋件安装作最后一次检查。应符合规范要求。

（3）混凝土浇筑

严格按规范要求控制检查接缝砂浆的铺设、混凝土入仓铺料、平仓、振捣、养护等内容。

4. 混凝土外观质量和内部质量缺陷检查

混凝土外观质量主要检查表面平整度（有表面平整要求的部位）、麻面、蜂窝、空洞、露筋、碰损掉角、表面裂缝等。重要工程还要检查内部质量缺陷，如用回弹仪检查混凝土表面强度、用超声仪检查裂缝、钻孔取芯检查各项力学指标等。

（二）混凝土强度检验评定

1. 基本规定

（1）混凝土的强度等级应按立方体抗压强度标准值划分。混凝土强度等级应采用符号 C 与立方体抗压强度标准值（以 N/mm^2计）表示。

（2）立方体抗压强度标准值应为按标准方法制作和养护的边长为 100mm 的立方体试件，用标准试验方法在 28d 龄期测得的混凝土抗压强度总体分布中的一个值，强度低于该值的概率应为 5%。

（3）混凝土强度应分批进行检验评定。一个检验批的混凝土应由强度等级相同、试验龄期相同、生产工艺条件和配合比基本相同的混凝土组成。

（4）对大批量、连续生产混凝土的强度应按统计方法评定。对小批量或零星生产混凝土的强度应按非统计方法评定。

2. 混凝土的取样与试验

（1）混凝土的取样

混凝土的取样，宜根据本标准规定的检验评定方法要求制定检验批的划分方案和相应的取样计划。

混凝土强度试样应在混凝土的浇筑地点随机抽取。

试件的取样频率和数量应符合下列规定：

1）每 100 盘，但不超过 $100m^3$ 的同配合比混凝土，取样次数不应少于一次；

2）每一工作班拌制的同配合比混凝土，不足 100 盘和 $100m^3$ 时其取样次数不应少于一次；

3）当一次连续浇筑的同配合比混凝土超过 $1000m^3$ 时，每 $200m^3$ 取样不应少于一次；

每批混凝土试样应制作的试件总组数，除满足混凝土强度评定所必需的组数外，还应留置为检验结构或构件施工阶段混凝土强度所必需的试件。

（2）混凝土试件的制作与养护

每次取样应至少制作一组标准养护试件。每组 3 个试件应由同一盘或同一车的混凝土中取样制作。检验评定混凝土强度用的混凝土试件，其成型方法及标准养护条件应符合《普通混凝土力学性能试验方法标准》GB/T 50081—2002 的规定。采用蒸汽养护的构件，其试件应先随构件同条件养护，然后应置入标准养护条件下继续养护，两段养护时间的总和应为设计规定龄期。

（3）混凝土试件的试验

混凝土试件的立方体抗压强度试验应根据现行国家标准《普通混凝土力学性能试验方法标准》GB/T 50081—2002 的规定执行。每组混凝土试件强度代表值的确定，应符合下列规定：

1）取 3 个试件强度的算术平均值作为每组试件的强度代表值；

2）当一组试件中强度的最大值或最小值与中间值之差超过中间值的 10％时，取中间值作为该组试件的强度代表值；

3）当一组试件中强度的最大值和最小值与中间值之差均超过中间值的 15％时，该组试件的强度不应作为评定的依据。

注：对掺矿物掺合料的混凝土进行强度评定时，可根据设计规定，可采用大于 28d 龄期的混凝土强度。

当采用非标准尺寸试件时，应将其抗压强度乘以尺寸折算系数，折算成边长为 100mm 的标准尺寸试件抗压强度。尺寸折算系数按下列规定采用：

1）当混凝土强度等级低于 C60 时，对边长为 100mm 的立方体试件取 0.95，对边长为 200mm 的立方体试件取 1.05；

2）当混凝土强度等级不低于 C60 时，宜采用标准尺寸试件；使用非标准尺寸试件时，尺寸折算系数应由试验确定，其试件数量不应少于 30 对组。

3. 混凝土强度的检验评定

（1）统计方法评定

采用统计方法评定时，当连续生产的混凝土，生产条件在较长时间内保持一致，且同一品种、同一强度等级混凝土的强度变异性保持稳定时，应按以下第1条规定进行评定。其他情况应按第2条的规定进行评定。

1）一个检验批的样本容量应为连续的3组试件，其强度应同时符合下列规定：

$$mf_{cu} \geqslant f_{cu,k} + 0.7\sigma_0 \quad (7\text{-}1)$$

$$f_{cu,\min} \geqslant f_{cu,k} - 0.7\sigma_0 \quad (7\text{-}2)$$

检验批混凝土立方体抗压强度的标准差应按下式计算：

$$\sigma_0 = \sqrt{\frac{\sum_{i=1}^{n} f_{cu,i}^2 - nmf_{cu}^2}{n-1}} \quad (7\text{-}3)$$

当混凝土强度等级不高于C20时，其强度的最小值尚应满足下式要求：

$$f_{cu,\min} \geqslant 0.85 f_{cu,k} \quad (7\text{-}4)$$

当混凝土强度等级高于C20时，其强度的最小值尚应满足下列要求：

$$f_{cu,\min} \geqslant 0.90 f_{cu,k} \quad (7\text{-}5)$$

式中：$m_{f_{cu}}$——同一检验批混凝土立方体抗压强度的平均值（N/mm²），精确到0.1（N/mm²）；

$f_{cu.k}$——混凝土立方体抗压强度标准值（N/mm²），精确到0.1（N/mm²）；

σ_0——检验批混凝土立方体抗压强度的标准差（N/mm²），精确到0.01（N/mm²）；当检验批混凝土强度标准差σ_0计算值小于2.0N/mm²时，应取2.5N/mm²；

$f_{cu.i}$——前一个检验期内同一品种、同一强度等级的第i组混凝土试件的立方体抗压强度代表值（N/mm²），精确到0.1（N/mm²）；该检验期不应少于60d，也不得大于90d；

n——前一检验期内的样本容量，在该期间内样本容量不应少于45；

$f_{cu.min}$——同一检验批混凝土立方体抗压强度的最小值（N/mm²），精确到0.1（N/mm²）。

2）当样本容量不少于10组时，其强度应同时满足下列要求：

$$mf_{cu} \geqslant f_{cu,k} + \lambda_1 \cdot S_{f_{cu}} \tag{7-6}$$

$$f_{cu,\min} \geqslant \lambda_2 \cdot f_{cu,k} \tag{7-7}$$

同一检验批混凝土立方体抗压强度的标准差应按下式计算：

$$S_{f_{cu}} = \sqrt{\frac{\sum_{i=1}^{n} f^2{}_{cu,i} - nmf_{cu}{}^2}{n-1}} \tag{7-8}$$

式中：$S_{f_{cu}}$——同一检验批混凝土立方体抗压强度的标准差（N/mm²），精确到0.01（N/mm²）；当检验批混凝土强度标准差$S_{f_{cu}}$计算值小于2.5N/mm²时，应取2.5N/mm²；

λ_1、λ_2——合格评定系数，按表7-1取用；

n——本检验期内的样本容量。

混凝土强度的合格评定系数　　表7-1

试件组数	10～14	15～19	≥20
λ_1	1.15	1.05	0.95
λ_2	0.90	0.85	

（2）非统计方法评定

1）当用于评定的样本容量小于10组时，应采用非统计方法评定混凝土强度。

2）按非统计方法评定混凝土强度时，其强度应同时符合下列规定：

$$mf_{cu} \geqslant \lambda_3 \cdot f_{cu,k} \tag{7-9}$$

$$f_{cu,\min} \geqslant \lambda_4 \cdot f_{cu,k} \tag{7-10}$$

式中：λ_3 、λ_4 ——合格评定系数，应按表 7-2 取用。

混凝土强度的非统计法合格评定系数 **表 7-2**

混凝土强度等级	<C60	≥C60
λ_3	1.15	1.10
λ_4	0.95	

（3）混凝土强度的合格性评定

当检验结果满足规定时，则该批混凝土强度应评定为合格；当不能满足上述规定时，该批混凝土强度应评定为不合格。

对评定为不合格批的混凝土，可按国家现行的有关标准进行处理。

（三）混凝土结构工程施工质量验收

1. 混凝土分项工程

（1）一般规定

1）混凝土强度应按现行国家标准《混凝土强度检验评定标准》GB 50107 的规定分批检验评定。划入同一检验批的混凝土，其施工持续时间不宜超过 3 个月。

检验评定混凝土强度时，应采用 28d 或设计规定龄期的标准养护试件。

试件成型方法及标准养护条件应符合现行国家标准《普通混凝土力学性能试验方法标准》GB/T 50081 的规定。采用蒸汽养护的构件，其试件应先随构件同条件养护，然后再置入标准养护条件下继续养护至 28d 或设计规定龄期。

2）当采用非标准尺寸试件时，应将其抗压强度乘以尺寸折算系数，折算成边长为 150mm 的标准尺寸试件抗压强度。尺寸折算系数应按现行国家标准《混凝土强度检验评定标准》GB/T 50107 采用。

3）当混凝土试件强度评定不合格时，应委托具有资质的检测机构按国家现行有关标准的规定对结构构件中的混凝土强度进行检测推定，并应按规定进行处理。

4）混凝土有耐久性指标要求时，应按《混凝土耐久性检验评定标准》JGJ/T193 的规定检验评定。

5）大批量、连续生产的同一配合比混凝土，混凝土生产单位应提供基本性能试验报告。

6）预拌混凝土的原材料质量、制备等应符合现行国家标准《预拌混凝土》GB/T 14902 的规定。

7）水泥、外加剂进场检验，当满足下列条件之一时，其检验批容量可扩大一倍：

① 获得认证的产品；

② 同一厂家、同一品种、同一规格的产品，连续三次进场检验均一次检验合格。

（2）原材料

主控项目

1）水泥进场时，应对其品种、代号、强度等级、包装或散装编号、出厂日期等进行检查，并应对水泥的强度、安定性和凝结时间进行检验，检验结果应符合现行国家标准《通用硅酸盐水泥》GB 8175 等的相关规定。

检查数量：按同一厂家、同一品种、同一代号、同一强度等级、同一批号且连续进场的水泥，袋装不超过 200t 为一批，散装不超过 500t 为一批，每批抽样数量不应少于一次。

检验方法：检查质量证明文件和抽样检验报告。

2）混凝土外加剂进场时，应对其品种、性能、出厂日期等进行检查，并应对外加剂的相关性能指标进行检验，检验结果应符合现行国家标准《混凝土外加剂》GB8076 和《混凝土外加剂应用技术规范》GB 50119 等的规定。

检查数量：按同一厂家、同一品种、同一性能、同一批号且连续进场的混凝土外加剂，不超过 50t 为一批，每批抽样数量不应少于一次。

检验方法：检查质量证明文件和抽样检验报告。

一般项目

3）混凝土用矿物掺合料进场时，应对其品种、技术指标、出厂日期等进行检查，并应对矿物掺合料的相关技术指标进行检验，检验结果应符合国家现行有关标准的规定。

检查数量：按同一厂家、同一品种、同一技术指标、同一批号且连续进场的矿物掺合料，粉煤灰、石灰石粉、磷渣粉和钢铁渣粉不超过200t为一批，粒化高炉矿渣粉和复合矿物掺合料不超过500t为一批，沸石粉不超过120t为一批，硅灰不超过30t为一批，每批抽样数量不应少于一次。

检验方法：检查质量证明文件和抽样检验报告。

4）混凝土原材料中的粗骨料、细骨料质量应符合现行行业标准《普通混凝土用砂、石质量及检验方法标准》JGJ 52的规定，使用经过净化处理的海砂应符合现行行业标准《海砂混凝土应用技术规范》JGJ 206的规定，再生混凝土骨料应符合现行国家标准《混凝土用再生粗骨料》GB/T 25177和《混凝土和砂浆用再生细骨料》GB/T 25176的规定。

检查数量：按现行行业标准《普通混凝土用砂、石质量及检验方法标准》JGJ 52的规定确定。

检验方法：检查抽样检验报告。

5）混凝土拌制及养护用水应符合现行行业标准《混凝土用水标准》JGJ 63的规定。采用饮用水时，可不检验；采用中水、搅拌站清洗水、施工现场循环水等其他水源时，应对其成分进行检验。

检查数量：同一水源检查不应少于一次。

检验方法：检查水质检验报告。

（3）混凝土拌合物

主控项目

1）预拌混凝土进场时，其质量应符合现行国家标准《预拌混凝土》GB/T14902的规定。

检查数量：全数检查。

检验方法：检查质量证明文件。

2）混凝土拌合物不应离析。

检查数量：全数检查。

检验方法：观察。

3）混凝土中氯离子含量和碱总含量应符合现行国家标准《混凝土结构设计规范》GB 50010 的规定和设计要求。

检查数量：同一配合比的混凝土检查不应少于一次。

检验方法：检查原材料试验报告和氯离子、碱的总含量计算书。

4）首次使用的混凝土配合比应进行开盘鉴定，其原材料、强度、凝结时间、稠度等应满足设计配合比的要求。

检查数量：同一配合比的混凝土检查不应少于一次。

检验方法：检查开盘鉴定资料和强度试验报告。

一般项目

5）混凝土拌合物稠度应满足施工方案的要求。

检查数量：对同一配合比混凝土，取样应符合下列规定：

① 每拌制 100 盘且不超过 100m³ 时，取样不得少于一次；

② 每工作班拌制不足 100 盘时，取样不得少于一次；

③ 连续浇筑超过 1000m³ 时，每 200m³ 取样不得少于一次；

④ 每一楼层取样不得少于一次。

检验方法：检查稠度抽样检验记录。

6）混凝土有耐久性指标要求时，应在施工现场随机抽取试件进行耐久性检验，其检验结果应符合国家现行有关标准的规定和设计要求。

检查数量：同一配合比的混凝土，取样不应少于一次，留置试件数量应符合国家现行标准《普通混凝土长期性能和耐久性能试验方法标准》GB/T 50082 和《混凝土耐久性检验评定标准》GB/T 193 的规定。

检验方法：检查试件耐久性试验报告。

7）混凝土有抗冻要求时，应在施工现场进行混凝土含气量检验，其检验结果应符合国家现行有关标准的规定和设计要求。

检查数量：同一配合比的混凝土，取样不应少于一次，取样数量应符合现行国家标准《普通混凝土拌合物性能试验方法标准》GB/T 50080 的规定。

检验方法：检查混凝土含气量试验报告。

（4）混凝土施工

主控项目

1）混凝土的强度等级必须符合设计要求。用于检验混凝土强度的试件应在浇筑地点随机抽取。

检查数量：对同一配合比混凝土，取样与试件留置应符合下列规定：

① 每拌制 100 盘且不超过 $100m^3$ 时，取样不得少于一次；

② 每工作班拌制不足 100 盘时，取样不得少于一次；

③ 连续浇筑超过 $1000m^3$ 时，每 $200m^3$ 取样不得少于一次；

④ 每一楼层取样不得少于一次；

⑤ 每次取样应至少留置一组试件。

检验方法：检查施工记录及混凝土强度试验报告。

一般项目

2）后浇带的留设位置应符合设计要求。后浇带和施工缝的留设及处理方法应符合施工方案要求。

检查数量：全数检查。

检验方法：观察。

3）混凝土浇筑完毕后应及时进行养护，养护时间以及养护方法应符合施工方案要求。

检查数量：全数检查。

检验方法：观察，检查混凝土养护记录。

2. 现浇结构分项工程

（1）一般规定

1）现浇结构质量验收应符合下列规定：

① 现浇结构质量验收应在拆模后、混凝土表面未作修整和装饰前进行，并应作出记录；

② 已经隐蔽的不可直接观察和量测的内容，可检查隐蔽工程验收记录；

③ 修整或返工的结构构件或部位应有实施前后的文字及图像记录。

2）现浇结构的外观质量缺陷应由监理单位、施工单位等各方根据其对结构性能和使用功能影响的严重程度按表 7-3 确定。

现浇结构外观质量缺陷 **表 7-3**

名称	现象	严重缺陷	一般缺陷
露筋	构件内钢筋未被混凝土包裹而外露	纵向受力钢筋有露筋	其他钢筋有少量露筋
蜂窝	混凝土表面缺少水泥砂浆而形成石子外露	构件主要受力部位有蜂窝	其他部位有少量蜂窝
孔洞	混凝土中孔穴深度和长度均超过保护层厚度	构件主要受力部位有孔洞	其他部位有少量孔洞
夹渣	混凝土中夹有杂物且深度超过保护层厚度	构件主要受力部位有夹渣	其他部位有少量夹渣
疏松	混凝土中局部不密实	构件主要受力部位有疏松	其他部位有少量疏松
裂缝	裂缝从混凝土表面延伸至混凝土内部	构件主要受力部位有影响结构性能或使用功能的裂缝	其他部位有少量不影响结构性能或使用功能的裂缝
连接部位缺陷	构件连接处混凝土有缺陷或连接钢筋、连接件松动	连接部位有影响结构传力性能的缺陷	连接部位有基本不影响结构传力性能的缺陷
外形缺陷	缺棱掉角、棱角不直、翘曲不平、飞边凸肋等	清水混凝土构件有影响使用功能或装饰效果的外形缺陷	其他混凝土构件有不影响使用功能的外形缺陷

续表

名称	现象	严重缺陷	一般缺陷
外表缺陷	构件表面麻面、掉皮、起砂、沾污等	具有重要装饰效果的清水混凝土构件有外表缺陷	其他混凝土构件有不影响使用功能的外表缺陷

3）装配式结构现浇部分的外观质量、位置偏差、尺寸偏差验收应符合要求。

（2）外观质量

主控项目

1）现浇结构的外观质量不应有严重缺陷。

对已经出现的严重缺陷，应由施工单位提出技术处理方案，并经监理单位认可后进行处理；对裂缝或连接部位的严重缺陷及其他影响结构安全的严重缺陷，技术处理方案尚应经设计单位认可。对经处理的部位应重新验收。

检查数量：全数检查。

检验方法：观察，检查处理记录。

一般项目

2）现浇结构的外观质量不应有一般缺陷。

对已经出现的一般缺陷，应由施工单位按技术处理方案进行处理。对经处理的部位应重新验收。

检查数量：全数检查。

检验方法：观察，检查处理记录。

（3）位置和尺寸偏差

主控项目

1）现浇结构不应有影响结构性能或使用功能的尺寸偏差；混凝土设备基础不应有影响结构性能或设备安装的尺寸偏差。

对超过尺寸允许偏差且影响结构性能或安装、使用功能的部位，应由施工单位提出技术处理方案，并经监理、设计单位认可后进行处理。对经处理的部位应重新验收。

检查数量：全数检查。

检验方法：量测，检查处理记录。

一般项目

2）现浇结构的位置和尺寸偏差及检验方法应符合表7-4的规定。

检查数量：按楼层、结构缝或施工段划分检验批。在同一检验批内，对梁、柱和独立基础，应抽查构件数量的10%，且不应少于3件；对墙和板，应按有代表性的自然间抽查10%，且不应少于3间；对大空间结构，墙可按相邻轴线间高度5m左右划分检查面，板可按纵、横轴线划分检查面，抽查10%，且均不应少于3面；对电梯井，应全数检查。

现浇结构位置和尺寸允许偏差及检验方法　　表7-4

项目			允许偏差（mm）	检验方法
轴线位置	整体基础		15	经纬仪及尺量
	独立基础		10	经纬仪及尺量
	柱、墙、梁		8	尺量
垂直度	层高	≤6m	10	经纬仪或吊线、尺量
		>6m	12	经纬仪或吊线、尺量
	全高 H≤300m		H/30000+20	经纬仪、尺量
	全高 H>300m		H/10000且≤80	经纬仪、尺量
标高	层高		±10	水准仪或拉线、尺量
	全高		±30	水准仪或拉线、尺量
截面尺寸	基础		+15，−10	尺量
	柱、梁、板、墙		+10，−5	尺量
	楼梯相邻踏步高差		6	尺量
电梯井	中心位置		10	尺量
	长、宽尺寸		+25，0	尺量
表面平整度			8	2m靠尺和塞尺量测

续表

项目		允许偏差（mm）	检验方法
预埋件中心位置	预埋板	10	尺量
	预埋螺栓	5	尺量
	预埋管	5	尺量
	其他	10	尺量
预留洞、孔中心线位置		15	尺量

注：1. 检查柱轴线、中心线位置时，沿纵、横两个方向测量，并取其中偏差的较大值；

2. H 为全高，单位为mm。

3）现浇设备基础的位置和尺寸应符合设计和设备安装的要求。其位置和尺寸偏差及检验方法应符合表7-5的规定。

检查数量：全数检查。

现浇设备基础位置和尺寸允许偏差及检验方法　　表7-5

项目		允许偏差（mm）	检验方法
坐标位置		20	经纬仪及尺量
不同平面标高		0，－20	水准仪或拉线、尺量
平面外形尺寸		±20	尺量
凸台上平面外形尺寸		0，－20	尺量
凹槽尺寸		＋20.0	尺量
平面水平度	每米	5	水平尺、塞尺量测
	全长	10	水准仪或拉线、尺量
垂直度	每米	5	经纬仪或吊线、尺量
	全高	10	经纬仪或吊线、尺量
预埋地脚螺栓	中心位置	2	尺量
	顶标高	＋20.0	水准仪或拉线、尺量
	中心距	±2	尺量
	垂直度	5	吊线、尺量

续表

项目		允许偏差（mm）	检验方法
预埋地脚螺栓孔	中心线位置	10	尺量
	截面尺寸	+20.0	尺量
	深度	+20.0	尺量
	垂直度	h/100 且≤0	吊线、尺量
预埋活动地脚螺锚板栓	中心线位置	5	尺量
	标高	+20.0	水准仪或拉线、尺量
	带槽锚板平整度	5	直尺、塞尺量测
	带螺纹孔锚板平整度	2	直尺、塞尺量测

注：1. 检查坐标、中心线位置时，应沿纵、横两个方向测量，并取其中偏差的较大值；

2. h 为预埋地脚螺栓孔孔深，单位为 mm。

3. 混凝土结构子分部工程

（1）结构实体检验

1）对涉及混凝土结构安全的有代表性的部位应进行结构实体检验。结构实体检验应包括混凝土强度、钢筋保护层厚度、结构位置与尺寸偏差以及合同约定的项目；必要时可检验其他项目。

结构实体检验应由监理单位组织施工单位实施，并见证实施过程。施工单位应制定结构实体检验专项方案，并经监理单位审核批准后实施。除结构位置与尺寸偏差外的结构实体检验项目，应由具有相应资质的检测机构完成。

2）结构实体混凝土强度应按不同强度等级分别检验，检验方法宜采用同条件养护试件方法；当未取得同条件养护试件强度或同条件养护试件强度不符合要求时．可采用回弹-取芯法进行检验。

结构实体混凝土同条件养护试件强度检验应符合规定；结构实体混凝土回弹-取芯法强度检验应符合规定。

混凝土强度检验时的等效养护龄期可取日平均温度逐日累计

达到 600℃·h 时所对应的龄期，且不应小于 14d 日平均温度为 0℃及以下的龄期不计入。

冬期施工时，等效养护龄期计算时温度可取结构构件实际养护温度，也可根据结构构件的实际养护条件，按照同条件养护试件强度与在标准养护条件下 28d 龄期试件强度相等的原则由监理、施工等各方共同确定。

3）钢筋保护层厚度检验应符合规范的规定。

4）结构位置与尺寸偏差检验应符合以下规定。

①结构实体位置与尺寸偏差检验构件的选取应均匀分布，并应符合下列规定：

A. 梁、柱应抽取构件数量的 1%，且不应少于 3 个构件；

B. 墙、板应按有代表性的自然间抽取 1%，且不应少于 3 间；

C. 层高应按有代表性的自然间抽查 1%，且不应少于 3 间。

对选定的构件，检验项目及检验方法应符合表 7-6 规定，允许偏差及检验方法应符合规定。

结构实体位置与尺寸偏差检验项目及检验方法　　表 7-6

项目	检验方法
柱截面尺寸	选取柱的一边量测柱中部、下部及其他部位，取 3 点平均值
柱垂直度	沿两个方向分别量测，取较大值
墙厚	墙身中部量测 3 点。取平均值；测点间距不应小于 1m
梁高	量测一侧边跨中及两个距离支座 0.1m 处，取 3 点平均值；量测值可取腹板高度加上此处楼板的实测厚度
板厚	悬挑板取距离支座 1m 处，沿宽度方向取包括中心位置在内的随机取 3 点平均值；其他楼板，在同一对角线上量测中间及距离两端各 0.1m 处，取 3 点平均值
层高	与板厚测点相同，量测板顶至上层楼板板底净高，层高量测值为净高与板厚之和，取 3 点平均值

② 结构实体位置与尺寸偏差项目应分别进行验收，并应符合下列规定：

A. 当检验项目的合格率为80%及以上时，可判为合格；

B. 当检验项目的合格率小于80%但不小于70%时，可再抽取相同数量的构件进行检验；当按两次抽样总和计算的合格率为80%及以上时，仍可判为合格。

5）结构实体检验中，当混凝土强度或钢筋保护层厚度检验结果不满足要求时，应委托具有资质的检测机构按国家现行有关标准的规定进行检测。

（2）混凝土结构子分部工程验收

1）混凝土结构子分部工程施工质量验收合格应符合下列规定：

① 所含分项工程质量验收应合格；

② 应有完整的质量控制资料；

③ 观感质量验收应合格；

④ 结构实体检验结果应符合要求。

2）当混凝土结构施工质量不符合要求时，应按下列规定进行处理：

① 经返工、返修或更换构件、部件的，应重新进行验收；

② 经有资质的检测机构按国家现行有关标准检测鉴定达到设计要求的，应予以验收；

③ 经有资质的检测机构按国家现行有关标准检测鉴定达不到设计要求，但经原设计单位核算并确认仍可满足结构安全和使用功能的，可予以验收；

④ 经返修或加固处理能够满足结构可靠性要求的，可根据技术处理方案和协商文件进行验收。

3）混凝土结构子分部工程施工质量验收时，应提供下列文件和记录：

① 设计变更文件；

② 原材料质量证明文件和抽样检验报告；

③ 预拌混凝土的质量证明文件；

④ 混凝土、灌浆料的性能检验报告；

⑤ 钢筋接头的试验报告；

⑥ 预制构件的质量证明文件和安装验收记录；

⑦ 预应力筋用锚具、连接器的质量证明文件和抽样检验报告；

⑧ 预应力筋安装、张拉的检验记录；

⑨ 钢筋套筒灌浆连接及预应力孔道灌浆记录；

⑩ 隐蔽工程验收记录；

⑪ 混凝土工程施工记录；

⑫ 混凝土试件的试验报告；

⑬ 分项工程验收记录；

⑭ 结构实体检验记录；

⑮ 工程的重大质量问题的处理方案和验收记录；

⑯ 其他必要的文件和记录。

4）混凝土结构工程子分部工程施工质量验收合格后，应按有关规定将验收文件存档备案。

习　　题

一、判断题

1.［初级］力的作用点就是力对物体作用的位置。

【答案】正确

【解析】力的作用点就是力对物体作用的位置。

力的作用点是力的三要素（大小、方向、作用点）之一。

研究力的问题中表现力的方法：物理学中通常用一条带箭头的线段表示力。在受力物体上沿着力的方向画一条线段，在线段的末端画一个箭头表示力的方向，线段的起点或终点表示力的作用点。

2.［初级］力的方向通常只指力的指向而不包含力的方位。

【答案】错误

【解析】力的作用点就是力对物体作用的位置。

力的作用点是力的三要素（大小、方向、作用点）之一。

研究力的问题中表现力的方法：物理学中通常用一条带箭头的线段表示力。在受力物体上沿着力的方向画一条线段，在线段的末端画一个箭头表示力的方向，线段的起点或终点表示力的作用点。

3.［中级］任何物体在力的作用下，都将引起大小和形状的改变。

【答案】正确

【解析】任何物体在力的作用下，都将引起大小和形状的改变。

4.［初级］所有的力都是有方向的。

【答案】正确

【解析】所有的力都是有方向的。

5. ［中级］在外力作用下，大小和形状保持不变的物体，称为刚体。

【答案】正确

【解析】在外力作用下，大小和形状保持不变的物体，称为刚体。

6. ［初级］快硬水泥从出厂时算起，在一个月后使用，须重新检验是否符合标准。

【答案】正确

【解析】快硬水泥从出厂时算起，在一个月后使用，须重新检验是否符合标准。

7. ［初级］墙体上开有门窗洞或工艺洞口时，应从两侧同时对称投料，以防将门窗洞或工艺洞口模板挤偏。

【答案】正确

【解析】墙体上开有门窗洞或工艺洞口时，应从两侧同时对称投料，以防将门窗洞或工艺洞口模板挤偏。

8. ［中级］柱混凝土振捣时，应注意插入深度，掌握好“快插慢拔”的振捣方法。

【答案】正确

【解析】柱混凝土振捣时，应注意插入深度，掌握好“快插慢拔”的振捣方法。

9. ［高级］混凝土工程的质量主要取决于一般项目的质量。

【答案】错误

【解析】混凝土工程的质量主要取决于主要项目的质量。

10. ［高级］框架结构的主要承重体系由柱及墙组成。

【答案】错误

【解析】框架结构住宅的承重结构是梁、板、柱。

11. ［初级］通常可以用一段带箭头的线段来表示力的三要素。

【答案】正确

【解析】可以用一段带箭头的线段来表示力的三要素。

12. ［高级］在条形基础中，一般砖基础、混凝土基础、钢筋混凝土基础都属于刚性基础。

【答案】错误

【解析】刚性基础指用砖、石、灰土、混凝土等抗压强度大而抗弯、抗剪强度小的材料做基础（受刚性角的限制），不包括钢筋混凝土基础。

13. ［高级］墙体混凝土浇筑，应遵循先边角，后中部；先外墙，后隔墙的顺序。

【答案】正确

【解析】墙体混凝土浇筑，应遵循先边角，后中部；先外墙，后隔墙的顺序。

14. ［高级］一排柱浇筑时，应从一端开始向另一端行进，并随时检查柱模变形情况。

【答案】错误

【解析】一排柱子的浇筑顺序应从两端同时向中间推进，以防柱模板在横向推力下向一方倾斜。

15. ［中级］柱和梁的施工缝应垂直于构件长边，板和墙的施工缝应与其表面垂直。

【答案】正确

【解析】施工缝设置的原则，一般宜留在结构受力（剪力）较小且便于施工的部位；柱子的施工缝宜留在基础与柱子交接处的水平面上，或梁的下面，或吊车梁牛腿的下面、吊车梁的上面、无梁楼盖柱帽的下面；高度大于1m的钢筋混凝土梁的水平施工缝，应留在楼板底面下20～30mm处，当板下有梁托时，留在梁托下部；单向平板的施工缝，可留在平行于短边的任何位置处；对于有主次梁的楼板结构，宜顺着次梁方向浇筑，施工缝应留在次梁跨度的中间1/3范围内。

16. ［中级］两个物体间的作用力与反作用力，一定是大小相等，方向相反，沿同一直线，并分别作用在这两个物体

上。（　　）

【答案】正确

【解析】两个物体间的作用力与反作用力，一定是大小相等，方向相反，沿同一直线，并分别作用在这两个物体上。

17. ［中级］垫层的目的是保证基础钢筋和地基之间有足够的距离，以免钢筋锈蚀，而且还可以作为绑架钢筋的工作面。（　　）

【答案】正确

【解析】垫层的目的是保证基础钢筋和地基之间有足够的距离，以免钢筋锈蚀，而且还可以作为绑架钢筋的工作面。

18. ［初级］力的合成是遵循矢量加法的原则，所以可以用代数相加法计算。

【答案】错误

【解析】力的合成是遵循矢量加法的原则，不能用代数相加法计算。

19. ［初级］柱的养护宜采用常温浇水养护。

【答案】正确

【解析】柱的养护宜采用常温浇水养护。

20. ［中级］灌注断面尺寸狭小且高的柱时，浇筑至一定高度后应适量增加混凝土配合比的用水量。（　　）

【答案】错误

【解析】混凝土的配合比不能随意改变。

21. ［中级］固定铰支座属于铰链支座。

【答案】正确

【解析】固定铰支座属于铰链支座。

22. ［中级］在采取一定措施后，矿渣水泥拌制的混凝土也可以泵送。

【答案】正确

【解析】在采取一定措施后，矿渣水泥拌制的混凝土也可以泵送。

23. ［初级］泵送混凝土中，粒径在 0.315mm 以下的细骨料所占比例较少时，可掺加粉煤灰加以弥补。

【答案】正确

【解析】泵送混凝土中，粒径在 0.315mm 以下的细骨料所占比例较少时，可掺加粉煤灰加以弥补。

24. ［初级］采用串筒下料时，柱混凝土的灌注高度可不受限制。

【答案】正确

【解析】采用串筒下料时，柱混凝土的灌注高度可不受限制。

25. ［高级］正截面破坏主要是由弯矩作用而引起的，破坏截面与梁的纵轴垂直。

【答案】正确

【解析】正截面破坏主要是由弯矩作用而引起的，破坏截面与梁的纵轴垂直。

26. ［初级］墙体混凝土宜在常温下采用喷水养护。

【答案】正确

【解析】墙体混凝土宜在常温下采用喷水养护。

27. ［中级］柱子施工缝宜留在基础顶面或楼板面、梁的下面。

【答案】正确

【解析】施工缝设置的原则，一般宜留在结构受力（剪力）较小且便于施工的部位；柱子的施工缝宜留在基础与柱子交接处的水平面上，或梁的下面，或吊车梁牛腿的下面、吊车梁的上面、无梁楼盖柱帽的下面；高度大于 1m 的钢筋混凝土梁的水平施工缝，应留在楼板底面下 20～30mm 处，当板下有梁托时，留在梁托下部；单向平板的施工缝，可留在平行于短边的任何位置处；对于有主次梁的楼板结构，宜顺着次梁方向浇筑，施工缝应留在次梁跨度的中间 1/3 范围内。

28. ［高级］由剪力和弯矩共同作用而引起的破坏，其破坏截面是倾斜的。

【答案】正确

【解析】由剪力和弯矩共同作用而引起的破坏，其破坏截面是倾斜的。

29. ［初级］混凝土配合比常采用体积比。

【答案】错误

【解析】混凝土的配合比规范要求采用重量比。

30. ［初级］在灌注墙、薄墙等狭深结构时，为避免混凝土灌筑到一定高度后由于浆水积聚过多而可能造成混凝土强度不匀现象，宜在灌注到一定高度时，适量减少混凝土配合比用量。

【答案】正确

【解析】在灌注墙、薄墙等狭深结构时，为避免混凝土灌筑到一定高度后由于浆水积聚过多而可能造成混凝土强度不匀现象，宜在灌注到一定高度时，适量减少混凝土配合比用量。

31. ［初级］混凝土配合比设计中单位用水量是用 $1m^3$ 混凝土需要使用拌合用水的质量来表示。

【答案】正确

【解析】混凝土配合比设计中单位用水量是用 $1m^3$ 混凝土需要使用拌合用水的质量来表示。

32. ［初级］确定单位用水量时，在达到混凝土拌合物流动性要求的前提下，尽量取大值。

【答案】正确

【解析】确定单位用水量时，在达到混凝土拌合物流动性要求的前提下，尽量取小值。

33. ［初级］矿渣水泥拌制的混凝土不宜采用泵送。

【答案】正确

【解析】矿渣水泥拌制的混凝土不宜采用泵送。

34. ［初级］当柱高不超过 3.5m、断面大于 400mm×400mm 且无交叉箍筋时，混凝土可由柱模顶直接倒入。

【答案】正确

【解析】当柱高不超过 3.5m、断面大于 400mm×400mm 且无交叉箍筋时，混凝土可由柱模顶直接倒入。

35. ［初级］墙体混凝土浇筑要遵循先边角后中部，先内墙后外墙的原则，以保证墙体模板的稳定。

【答案】错误

【解析】墙体混凝土浇筑要遵循先边角后中部，先外墙后内墙的原则，以保证墙体模板的稳定。

36. ［初级］混凝土外加剂掺量不大于水泥重量的5%。

【答案】正确

【解析】混凝土外加剂掺量不大于水泥重量的5%。

37. ［初级］平面图上应标有楼地面的标高。

【答案】正确

【解析】平面图上应标有楼地面的标高。

38. ［中级］刚性基础外挑部分与其高度的比值必须小于刚性角。

【答案】正确

【解析】刚性基础外挑部分与其高度的比值必须小于刚性角。

二、单选题

1. ［中级］梁板混凝土浇筑完毕后，应定期浇水，但平均气温低于(　　)时不得浇水。

A. 0℃　　B. 5℃　　C. 10℃　　D. 室温

【答案】A

【解析】梁板混凝土浇筑完毕后，应定期浇水，但平均气温低于0℃时不得浇水。

2. ［初级］在预应力混凝土中，由其他原材料带入的氯盐总量不应大于水泥重量的(　　)%。

A. 0.5　　B. 0.3　　C. 0.2　　D. 0.1

【答案】D

【解析】在预应力混凝土中，由其他原材料带入的氯盐总量不应大于水泥重量的0.1%。

3. ［中级］掺引气剂常使混凝土的抗压强度有所降低，普通混凝土强度大约降低(　　)%。

A. 5～10　　B. 5～8　　C. 8～10　　D. 15

【答案】A

【解析】掺引气剂常使混凝土的抗压强度有所降低，普通混凝土强度大约降低5%～10%。

4. [初级] 凡是遇到特殊情况采取措施，间歇时间超过(　　)h应按施工缝处理。

A. 1　　B. 2　　C. 3　　D. 4

【答案】B

【解析】凡是遇到特殊情况采取措施，间歇时间超过4h应按施工缝处理。

5. [中级] 雨篷一端插入墙内，一端悬壁，它的支座形式是(　　)。

A. 固定铰支座　　B. 可动支座

C. 固定支座　　D. 刚性支座

【答案】C

【解析】雨篷一端插入墙内，一端悬壁，它的支座形式是固定支座。

6. [初级] 基础混凝土强度等级不得低于(　　)。

A. C10　　B. C15　　C. C20　　D. C25

【答案】B

【解析】基础混凝土强度等级不得低于C15。

7. [中级] 普通钢筋混凝土中，粉煤灰最大掺量为(　　)。

A. 35%　　B. 40%　　C. 50%　　D. 45%

【答案】A

【解析】普通钢筋混凝土中，粉煤灰最大掺量为35%。

8. [初级] 有主次梁和楼板，施工缝应留在次梁跨度中间(　　)。

A. 1/2　　B. 1/3　　C. 1/4　　D. 1/5

【答案】B

【解析】有主次梁和楼板，施工缝应留在次梁跨度中间1/3。

9. ［中级］对于截面尺寸狭小且钢筋密集墙体，用斜溜槽投料，高度不得大于（　　）m。

A. 1　　B. 1.5　　C. 2　　D. 2.5

【答案】C

【解析】对于截面尺寸狭小且钢筋密集墙体，用斜溜槽投料，高度不得大于2m。

10. ［初级］混凝土原材料用量与配合比用量的允许偏差规定，水泥及补掺合料不得超过（　　）%。

A. 2　　B. 3　　C. 4　　D. 5

【答案】A

【解析】混凝土原材料用量与配合比用量的允许偏差规定，水泥及补掺合料不得超过2%。

11. ［中级］钢筋混凝土基础内受力钢筋的数量通过设计确定，但钢筋直径不宜小于（　　）mm。

A. 6　　B. 8　　C. 4　　D. 10

【答案】B

【解析】钢筋混凝土基础内受力钢筋的数量通过设计确定，但钢筋直径不宜小于8mm。

12. ［初级］混凝土自落高度超过（　　）m的，应用串筒或溜槽下料，进行分段、分层均匀连续施工，分层厚度为250～300mm。

A. 1.5　　B. 2　　C. 3　　D. 5

【答案】A

【解析】混凝土自落高度超过1.5m的，应用串筒或溜槽下料，进行分段、分层均匀连续施工，分层厚度为250～300mm。

13. ［中级］筒壁混凝土浇筑前模板底部均匀预铺（　　）厚5～10cm。

A. 混凝土层　　B. 水泥浆

C. 砂浆层　　D. 混合砂浆

【答案】C

【解析】筒壁混凝土浇筑前模板底部均匀预铺厚5～10cm砂浆层。

14. [初级] 泵送中应注意不要使料斗里的混凝土降到(　　)cm以下。

A. 20　　B. 10　　C. 30　　D. 40

【答案】A

【解析】泵送中应注意不要使料斗里的混凝土降到20cm以下。

15. [中级] 规范规定泵送混凝土的坍落度宜为(　　)cm。

A. 5～7　　B. 8～18　　C. 18～20　　D. 20～28

【答案】B

【解析】我国规定泵送混凝土的坍落度宜为8～18cm。

16. [初级] 木质素磺酸钙是一种(　　)。

A. 减水剂　　B. 早强剂　　C. 引气剂　　D. 速凝剂

【答案】A

【解析】木质素磺酸钙是一种减水剂。

17. [中级] 垫层面积较大时，浇筑混凝土宜采用分仓浇筑的方法进行。要根据变形缝位置、不同材料面层连接部位或设备基础位置等情况进行分仓，分仓距离一般为(　　)m。

A. 3～6　　B. 4～6　　C. 6～8　　D. 8～12

【答案】A

【解析】垫层面积较大时，浇筑混凝土宜采用分仓浇筑的方法进行。要根据变形缝位置、不同材料面层连接部位或设备基础位置等情况进行分仓，分仓距离一般为3～6m。

18. [初级] 泵送混凝土的布料方法在浇筑竖向结构混凝土时，布料设备的出口离模板内侧面不应小于(　　)mm。

A. 20　　B. 30　　C. 40　　D. 50

【答案】D

【解析】泵送混凝土的布料方法在浇筑竖向结构混凝土时，

布料设备的出口离模板内侧面不应小于50mm。

19. ［中级］梁是一种典型的(　　)构件。

A. 受弯　　B. 受压　　C. 受拉　　D. 受扭

【答案】A

【解析】梁是一种典型的受弯构件。

20. ［初级］浇筑吊车梁时，当混凝土强度达到(　　)MPa以上时，方可拆侧模板。

A. 0.8　　B. 1.2　　C. 2　　D. 5

【答案】B

【解析】浇筑吊车梁时，当混凝土强度达到1.2 MPa以上时，方可拆侧模板。

21. ［中级］混凝土振捣时，棒头伸入下层混凝土(　　)cm。

A. 3～5　　B. 5～10　　C. 10～15　　D. 20

【答案】B

【解析】混凝土振捣时，棒头伸入下层5～10cm。

22. ［初级］掺加减水剂的混凝土强度比不掺的(　　)。

A. 低20%　　B. 低10%左右

C. 一样　　D. 高10%左右

【答案】D

【解析】掺加减水剂的混凝土强度比不掺的高10%左右。

23. ［中级］基础平面图的剖切位置是(　　)。

A. 防潮层处　　B. ±0.000处

C. 自然地面处　　D. 基础正中部

【答案】A

【解析】基础平面图的剖切位置是防潮层处。

24. ［初级］(　　)是柔性基础。

A. 灰土基础　　B. 砖基础

C. 钢筋混凝土基础　　D. 混凝土基础

【答案】C

【解析】钢筋混凝土基础是柔性基础。

25. ［中级］墙、柱混凝土强度要达到（　　）MPa以上时，方可拆模。

A. 0.5　　B. 1.0　　C. 1.5　　D. 2.0

【答案】B

【解析】墙、柱混凝土强度要达到1.0MPa以上时，方可拆模。

26. ［初级］浇筑与墙、柱连成整体的梁板时，应在柱和墙浇筑完毕，停（　　）min后，再继续浇筑。

A. 10～30　　B. 30～60　　C. 60～90　　D. 120

【答案】A

【解析】浇筑与墙、柱连成整体的梁板时，应在柱和墙浇筑完毕，停10～30min后，再继续浇筑。

27. ［中级］引气剂及引气减水剂混凝土的含气量不宜超过（　　）。

A. 3%　　B. 5%　　C. 10%　　D. 15%

【答案】B

【解析】引气剂及引气减水剂混凝土的含气量不宜超过5%。

28. ［中级］大面积混凝土垫层时，应纵横每隔（　　）m设中间水平桩，以控制其厚度的准确性。

A. 4～6　　B. 6～10　　C. 10～15　　D. 10～20

【答案】B

【解析】大面积混凝土垫层时，应纵横每隔6～10m设中间水平桩，以控制其厚度的准确性。

29. ［中级］现场搅拌混凝土时，当无外加剂时，依次上料顺序为（　　）。

A. 石子→水泥→砂　　B. 水泥→石子→砂

C. 砂→石子→水泥　　D. 随意

【答案】A

【解析】现场搅拌混凝土时，当无外加剂时，依次上料顺序为石子→水泥→砂。

30. [中级] 浇筑墙板时，应按一定方向分层顺序浇筑，分层厚度以(　　)cm 为宜。

A. 40～50　B. 20～30　C. 30～40　D. 50～60

【答案】A

【解析】浇筑墙板时，应按一定方向分层顺序浇筑，分层厚度以 40～50cm 为宜。

31. [初级] 泵送混凝土碎石的最大粒径与输送管内径之比，宜小于或等于(　　)。

A. 1∶2　B. 1∶2.5　C. 1∶4　D. 1∶3

【答案】D

【解析】泵送混凝土碎石的最大粒径与输送管内径之比，宜小于或等于 1∶3。

32. [中级] 规范规定泵送混凝土砂率宜控制在(　　)%。

A. 20～30　B. 30～40　C. 40～50　D. 50～60

【答案】C

【解析】规范规定泵送混凝土砂率宜控制在 40%～50%。

33. [中级] 混凝土中含气量每增加 1%，会使其强度损失(　　)%。

A. 1　B. 2　C. 4　D. 5

【答案】C

【解析】混凝土中含气量每增加 1%，会使其强度损失 4%。

34. [中级] 为了不至损坏振捣棒及其连接器，振捣棒插入深度不得大于棒长的(　　)。

A. 3/4　B. 2/3　C. 3/5　D. 1/3

【答案】A

【解析】为了不至损坏振捣棒及其连接器，振捣棒插入深度不得大于棒长的 3/4。

35. [初级] 基础内受力钢筋直径不宜小于(　　) mm，间距不大于(　　)mm。

A. 8，100　B. 10，100　C. 8，200　D. 10，20

【答案】A

【解析】基础内受力钢筋直径不宜小于 8 mm，间距不大于 100mm。

36. ［初级］灌注断面尺寸狭小且高的柱时，当浇筑至一定高度后，应适量(　　)混凝土配合比的用水量。

A. 增大　B. 减少　C. 不变　D. 据现场情况确定

【答案】B

【解析】灌注断面尺寸狭小且高的柱时，当浇筑至一定高度后，应适量减少混凝土配合比的用水量。

37. ［中级］浇筑楼板混凝土的虚铺高度，可高于楼板设计厚度(　　)cm。

A. 1～2　B. 2～3　C. 3～4　D. 4～5

【答案】B

【解析】浇筑楼板混凝土的虚铺高度，可高于楼板设计厚度 2～3cm。

38. ［初级］石子最大粒径不得超过结构截面尺寸的(　　)，同时不大于钢筋间最小净距的(　　)。

A. 1/4，1/2　B. 1/2，1/2

C. 1/4，3/4　D. 1/2，3/4

【答案】C

【解析】石子最大粒径不得超过结构截面尺寸的 1/4，同时不大于钢筋间最小净距的 3/4。

39. ［中级］当柱高超过 3.5m 时，且柱断面大于 400mm×400mm 又无交叉钢筋时，混凝土分段浇筑高度不得超过(　　)m。

A. 2.0　B. 2.5　C. 3.0　D. 3.5

【答案】D

【解析】当柱高超过 3.5m 时，且柱断面大于 400mm×400mm 又无交叉钢筋时，混凝土分段浇筑高度不得超过 3.5m。

40. [中级] 柱混凝土宜采用(　　)的办法，养护次数以模板表面保持湿润为宜。

A. 自然养护　　B. 浇水养护

C. 蒸汽养护　　D. 蓄水养护

【答案】B

【解析】柱混凝土宜采用浇水养护的办法，养护次数以模板表面保持湿润为宜。

41. [中级] 墙混凝土振捣器振捣不大于(　　)cm。

A. 30　　B. 40　　C. 50　　D. 60

【答案】C

【解析】墙混凝土振捣器振捣不大于50cm。

42. [初级] 大模板施工中如必须留施工缝时，水平缝可留在(　　)。

A. 门窗洞口的上部　　B. 梁的上部

C. 梁的下部　　D. 门窗洞口的侧面

【答案】A

【解析】大模板施工中如必须留施工缝时，水平缝可留在门窗洞口的上部。

43. [初级] 柱混凝土分层浇筑时，振捣器的棒头须伸入下层混凝土内(　　)cm。

A. 5～10　　B. 5～15　　C. 10～15　　D. 5～8

【答案】A

【解析】柱混凝土分层浇筑时，振捣器的棒头须伸入下层混凝土内5～10cm。

44. [初级] 坍落度是测定混凝土(　　)的最普遍的方法。

A. 强度　　B. 和易性　　C. 流动性　　D. 配合比

【答案】B

【解析】坍落度是测定混凝土和易性的最普遍的方法。

45. [高级] 对于跨度大于8m的承重结构，模板的拆除混凝土强度要达到设计强度的(　　)%。

A. 90　　　B. 80　　　C. 95　　　D. 100

【答案】D

【解析】对于跨度大于 8m 的承重结构，模板的拆除混凝土强度要达到设计强度的 100%。

46. ［高级］为使施工缝处的混凝土很好结合，并保证不出现蜂窝麻面，在浇捣坑壁混凝土时，应在施工缝处填以 5～10cm 厚与混凝土强度等级相同的(　　)。

A. 水泥砂浆　　　B. 混合砂浆

C. 水泥浆　　　D. 砂浆

【答案】A

【解析】为使施工缝处的混凝土很好结合，并保证不出现蜂窝麻面，在浇捣坑壁混凝土时，应在施工缝处填以 5～10cm 厚与混凝土强度等级相同的水泥砂浆。

47. ［初级］浇筑较厚的构件时，为了使混凝土振捣实心密实，必须分层浇筑；每层浇筑厚度与振捣方法与结构配筋情况有关，如采用表面振动，浇筑厚度应为(　　)mm。

A. 100　　　B. 200　　　C. 300　　　D. 400

【答案】B

【解析】浇筑较厚的构件时，为了使混凝土振捣实心密实，必须分层浇筑；每层浇筑厚度与振捣方法与结构配筋情况有关，如采用表面振动，浇筑厚度应为 200mm。

48. ［初级］混凝土结构有垫层时，钢筋距基础底面不小于(　　) mm。

A. 25　　　B. 30　　　C. 35　　　D. 15

【答案】C

【解析】混凝土结构有垫层时，钢筋距基础底面不小 35 mm。

49. ［初级］挡土墙所承受的土的侧压力是(　　)。

A. 均布荷载　　　B. 非均布荷载

C. 集中荷载　　　D. 静集中荷载

【答案】B

【解析】挡土墙所承受的土的侧压力是非均布荷载。

50. ［初级］有主次梁的楼板，施工缝应留在次梁跨度中间(　　)范围内。

A. 1/2　　B. 1/3　　C. 1/4　　D. 1/5

【答案】B

【解析】有主次梁的楼板，施工缝应留在次梁跨度中间 1/3 范围内。

51. ［初级］硅酸盐水泥、普通水泥和矿渣水泥拌制的混凝土养护日期不得少于(　　)d。

A. 5　　B. 6　　C. 7　　D. 14

【答案】C

【解析】硅酸盐水泥、普通水泥和矿渣水泥拌制的混凝土养护日期不得少于 7d。

52. ［初级］蒸汽养护是将成形的混凝土构件置于固定的养护窑、坑内，通过蒸汽使混凝土在较高湿度的环境中迅速凝结、硬化，达到所要求的强度。蒸汽养护是缩短养护时间的有效方法之一。混凝土在浇筑成形后先停(　　)h，再进行蒸汽养护。

A. 2～6　　B. 1～3　　C. 6～12　　D. 12

【答案】A

【解析】蒸汽养护是将成形的混凝土构件置于固定的养护窑、坑内，通过蒸汽使混凝土在较高湿度的环境中迅速凝结、硬化，达到所要求的强度。蒸汽养护是缩短养护时间的有效方法之一。混凝土在浇筑成形后先停 2～6h，再进行蒸汽养护。

53. ［初级］混凝土缺陷中当蜂窝比较严重或露筋较深时，应除掉附近不密实的混凝土和突出的骨料颗粒，用清水洗刷干净并充分润湿后，再用(　　)填补并仔细捣实。

A. 水泥砂浆

B. 混合砂浆

C. 比原强度高一等级的细石混凝土

D. 原强度等级的细石混凝土

【答案】C

【解析】混凝土缺陷中当蜂窝比较严重或露筋较深时，应除掉附近不密实的混凝土和突出的骨料颗粒，用清水洗刷干净并充分润湿后，再用比原强度高一等级的细石混凝土填补并仔细捣实。

54. ［高级］对混凝土强度的检验，应以在混凝土浇筑地点制备并以结构实体（　　）试件强度为依据。

A. 同条件养护的　　B. 标准养护的

C. 特殊养护的　　D. 任意的

【答案】A

【解析】对混凝土强度的检验，应以在混凝土浇筑地点制备并以结构实体同条件养护的试件强度为依据。

55. ［初级］浇筑墙板时，按一定方向，分层顺序浇筑，分层厚度以（　　）cm 为宜。

A. 30～40　B. 40～50　C. 35～40　D. 20～30

【答案】B

【解析】浇筑墙板时，按一定方向，分层顺序浇筑，分层厚度以 40～50cm 为宜。

56. ［初级］混凝土施工时应按规定留置混凝土试块，每拌制 100 盘且不超过（　　）m^3 的同配合比的混凝土，取样不得少于一次。

A. 100　B. 200　C. 50　D. 300

【答案】A

【解析】混凝土施工时应按规定留置混凝土试块，每拌制 100 盘且不超过 $100m^3$ 的同配合比的混凝土，取样不得少于一次。

57. ［初级］楼梯混凝土强度必须达到设计强度的（　　）以上方可拆模。

A. 50％　B. 70％　C. 100％　D. 无规定

【答案】B

【解析】楼梯混凝土强度必须达到设计强度的70%以上方可拆模。

58.［高级］泵送混凝土掺用的外加剂，必须是经过有关部门检验并附有检验合格证明的产品，其质量应符合现行《混凝土外加剂》GB 8076的规定。外加剂的品种和掺量宜由试验确定，不得任意使用。掺用引气剂型外加剂的泵送混凝土的含气量不宜大于(　　)%。

A. 2　　B. 5　　C. 4　　D. 8

【答案】B

【解析】泵送混凝土掺用的外加剂，必须是经过有关部门检验并附有检验合格证明的产品，其质量应符合现行《混凝土外加剂》GB 8076的规定。外加剂的品种和掺量宜由试验确定，不得任意使用。掺用引气剂型外加剂的泵送混凝土的含气量不宜大于5%。

三、多选

1.［高级］某现浇钢筋混凝土楼板，长为6m宽为2.1m，施工缝可留在(　　)。

A. 距短边一侧3m且平行于短边的位置

B. 距短边一侧1m且平行于短边的位置

C. 距长边一侧1m且平行于长边的位置

D. 距长边一侧1.5m且平行于长边的位置

E. 距短边一侧2m且平行于短边的位置

【答案】ABE

【解析】施工缝设置的原则，一般宜留在结构受力（剪力）较小且便于施工的部位；柱子的施工缝宜留在基础与柱子交接处的水平面上，或梁的下面，或吊车梁牛腿的下面、吊车梁的上面、无梁楼盖柱帽的下面；高度大于1m的钢筋混凝土梁的水平施工缝，应留在楼板底面下20～30mm处，当板下有梁托时，留在梁托下部；单向平板的施工缝，可留在平行于短边的任何位置处；对于有主次梁的楼板结构，宜顺着次梁方向浇筑，施工缝应留在次梁跨度的中间 1/3 范围内。

2. ［中级］浇筑现浇楼盖的混凝土，主梁跨度为 6m，次梁跨度为 5m，沿次梁方向浇筑混凝土时（　　）是施工缝的合理位置。

A. 距主梁轴线 3m　　B. 距主梁轴线 2m

C. 距主梁轴线 1.5m　　D. 距主梁轴线 1m

E. 距主梁轴线 0.5m

【答案】AB

【解析】施工缝设置的原则，一般宜留在结构受力（剪力）较小且便于施工的部位；柱子的施工缝宜留在基础与柱子交接处的水平面上，或梁的下面，或吊车梁牛腿的下面、吊车梁的上面、无梁楼盖柱帽的下面；高度大于 1m 的钢筋混凝土梁的水平施工缝，应留在楼板底面下 20～30mm 处，当板下有梁托时，留在梁托下部；单向平板的施工缝，可留在平行于短边的任何位置处；对于有主次梁的楼板结构，宜顺着次梁方向浇筑，施工缝应留在次梁跨度的中间 1/3 范围内。

3. ［中级］以下各种情况中可能引起混凝土离析的是（　　）。

A. 混凝土自由下落高度为 3m

B. 混凝土温度过高

C. 振捣时间过长

D. 运输道路不平

E. 振捣棒慢插快拔

【答案】ACD

【解析】混凝土自由下落高度过高（超过 2m）、振捣时间过长、振捣方法不正确均会引起混凝土离析。

4. ［中级］钢筋混凝土结构的施工缝宜留置在（　　）。

A. 剪力较小位置

B. 便于施工位置

C. 弯矩较小位置

D. 两构件接点处

E. 剪力较大位置

【答案】AB

【解析】施工缝设置的原则，一般宜留在结构受力（剪力）较小且便于施工的部位；柱子的施工缝宜留在基础与柱子交接处的水平面上，或梁的下面，或吊车梁牛腿的下面、吊车梁的上面、无梁楼盖柱帽的下面；高度大于1m的钢筋混凝土梁的水平施工缝，应留在楼板底面下20～30mm处，当板下有梁托时，留在梁托下部；单向平板的施工缝，可留在平行于短边的任何位置处；对于有主次梁的楼板结构，宜顺着次梁方向浇筑，施工缝应留在次梁跨度的中间1/3范围内。

5.［初级］钢筋混凝土柱的施工缝一般应留在（　　）。

A. 基础顶面

B. 梁的下面

C. 无梁楼板柱帽下面

D. 吊车梁牛腿下面

E. 柱子中间1/3范围内

【答案】ABCD

【解析】施工缝设置的原则，一般宜留在结构受力（剪力）较小且便于施工的部位；柱子的施工缝宜留在基础与柱子交接处的水平面上，或梁的下面，或吊车梁牛腿的下面、吊车梁的上面、无梁楼盖柱帽的下面；高度大于1m的钢筋混凝土梁的水平施工缝，应留在楼板底面下20～30mm处，当板下有梁托时，留在梁托下部；单向平板的施工缝，可留在平行于短边的任何位置处；对于有主次梁的楼板结构，宜顺着次梁方向浇筑，施工缝应留在次梁跨度的中间1/3范围内。

6.［高级］在施工缝处继续浇筑混凝土时，应先做到（　　）。

A. 清除混凝土表面疏松物质及松动石子

B. 将施工缝处冲洗干净，不得有积水

C. 已浇筑混凝土的强度达到 1.2MPa

D. 已浇筑的混凝土的强度达到 0.5MPa

E. 在施工缝处先铺一层与混凝土成分相同的水泥砂浆

【答案】ABCE

【解析】施工缝处继续浇筑混凝土时，应待混凝土的抗压强度不小于 1.2MPa 方可进行；施工缝浇筑混凝土之前，应除去施工缝表面的水泥薄膜、松动石子和软弱的混凝土层，处理方法有风砂枪喷毛、高压水冲毛、风镐凿毛或人工凿毛，并加以充分湿润和冲洗干净，不得有积水；浇筑时，施工缝处宜先铺水泥浆（水泥：水＝1：0.4），或与混凝土成分相同的水泥砂浆一层，厚度为 30～50mm，以保证接缝的质量；浇筑过程中，施工缝应细致捣实，使其紧密结合。

7. ［初级］施工中可能造成混凝土强度降低的因素有（　　）。

A. 水灰比过大

B. 养护时间不足

C. 混凝土产生离析

D. 振捣时间短

E. 洒水过多

【答案】ABD

【解析】施工中可能造成混凝土强度降低的因素有水灰比过大、养护时间不足、振捣时间短等。

8. ［初级］控制大体积混凝土裂缝的方法（　　）。

A. 优先选用低水化热的水泥

B. 在保证强度的前提条件下，降低水灰比

C. 控制混凝土内外温差

D. 增加水泥用量

E. 及时对混凝土覆盖保温、保湿材料

【答案】ABCE

【解析】控制大体积混凝土裂缝的方法有：优先选用低水化热的水泥、在保证强度的前提条件下，降低水灰比、控制混凝土内外温差、及时对混凝土覆盖保温、保湿材料等。

9. ［中级］施工中混凝土结构产生裂缝的原因是（　　）。

A. 接缝处模板拼缝不严，漏浆

B. 模板局部沉浆

C. 拆模过早

D. 养护时间过短

E. 混凝土养护期间内部与表面温差过大

【答案】BCDE

【解析】施工中混凝土结构产生裂缝的原因是有：模板局部沉浆、拆模过早、养护时间过短、混凝土养护期间内部与表面温差过大等。

10. ［中级］常压蒸汽养护过程分为四个阶段，其中包括（　　）。

A. 前期准备

B. 蓄水阶段

C. 升温阶段

D. 降温阶段

E. 恒温阶段

【答案】CDE

【解析】常压蒸汽养护过程分为四个阶段，其中包括停放阶段、升温阶段、降温阶段、恒温阶段。

11. ［初级］关于大体积混凝土的浇捣以下说法正确的是（　　）。

A. 振动棒快插快拔，以便振动均匀

B. 每点振捣时间一般为 10～30s

C. 分层连续浇筑时，振捣棒不应插入下一层以免影响下层混凝土的凝结

D. 在振动界线以前对混凝土进行二次振捣，排除粗集料下

部泌水生成的水分和空隙

E. 混凝土不应采用振捣棒振捣

【答案】BD

【解析】大体积混凝土的浇捣要求：每点振捣时间一般为10～30s、在振动界线以前对混凝土进行二次振捣，排除粗集料下部泌水生成的水分和空隙等。

12. ［初级］为大体积混凝土由于温度应力作用产生裂缝，可采取的措施有（　　）。

A. 提高水灰比

B. 减少水泥用量

C. 降低混凝土的入模温度，控制混凝土内外的温差

D. 留施工缝

E. 优先选用低水化热的矿渣水泥拌制混凝土

【答案】BCE

【解析】为大体积混凝土由于温度应力作用产生裂缝，可采取的措施有：减少水泥用量、降低混凝土的入模温度，控制混凝土内外的温差、优先选用低水化热的矿渣水泥拌制混凝土等。

13. ［中级］混凝土结构表面损伤，缺棱掉角产生的原因有（　　）。

A. 浇筑混凝土顺序不当，造成模板倾斜

B. 模板表面未涂隔离剂，模板表面未处理干净

C. 振捣不良，边角处未振实

D. 模板表面不平，翘曲变形

E. 模板接缝处不平整

【答案】BCD

【解析】混凝土结构表面损伤，缺棱掉角产生的原因有：模板表面未涂隔离剂，模板表面未处理干净、振捣不良，边角处未振实、模板表面不平，翘曲变形等。

14. ［中级］冬期施工为提高混凝土的抗冻性可采取的措施（　　）。

A. 配制混凝土时掺引气剂

B. 配制混凝土减少水灰比

C. 优先选用水化热量大的硅酸盐水泥

D. 采用粉煤灰硅酸盐水泥配制混凝土

E. 采用较高等级水泥配制混凝土

【答案】ABCE

【解析】冬期施工为提高混凝土的抗冻性可采取的措施有：配制混凝土时掺引气剂、配制混凝土减少水灰比、优先选用水化热量大的硅酸盐水泥、采用较高等级水泥配制混凝土等。

15. [中级] 混凝土质量缺陷的处理方法有(　　)。

A. 表面抹浆修补　　B. 敲掉重新浇筑混凝土

C. 细石混凝土填补　　D. 水泥灌浆

E. 化学灌浆

【答案】ADE

【解析】混凝土质量缺陷的处理方法有表面抹浆修补、水泥灌浆、化学灌浆等。

16. [中级] 混凝土振捣密实，施工现场判断经验是(　　)。

A. 2min　　B. 混凝土不再下沉

C. 表面泛浆　　D. 无气泡逸出

E. 混凝土出现初凝现象

【答案】BCD

【解析】混凝土振捣密实，施工现场判断经验是混凝土不再下沉、表面泛浆、无气泡逸出。

17. [中级] 防止混凝土产生温度裂纹的措施是(　　)。

A. 控制温度差　　B. 减少边界约束作用

C. 改善混凝土抗裂性能　　D. 改进设计构造

E. 预留施工缝

【答案】ABCD

【解析】防止混凝土产生温度裂纹的措施有：控制温度差、减少边界约束作用、改善混凝土抗裂性能、改进设计构造等。

18. [中级] 混凝土结构工程模板及其支架应根据工程(　　)等条件进行设计。

A. 结构形式　　B. 荷载大小

C. 混凝土种类　　D. 地基土类别

E. 施工设备和材料供应

【答案】ABDE

【解析】混凝土结构工程模板及其支架应根据工程结构形式、荷载大小、地基土类别、施工设备和材料供应等条件进行设计。

19. [初级] 下列各种因素会增加泵送阻力的是(　　)。

A. 水泥含量少　　B. 坍落度低

C. 碎石粒径较大　　D. 砂率低

E. 粗骨料中卵石多

【答案】ABCD

【解析】水泥含量少、坍落度低、碎石粒径较大、砂率低等因素会增加泵送阻力。

20. [初级] 二次投料法与一次投料法相比，所具有的优点是(　　)。

A. 混凝土不易产生离析　　B. 强度提高

C. 节约水泥　　D. 生产效率高

E. 施工性好

【答案】ABCE

【解析】二次投料法与一次投料法相比，所具有的优点有：混凝土不易产生离析、强度提高、节约水泥、施工性好。

21. [初级] 在混凝土浇筑时，要求做好(　　)。

A. 防止离析　　B. 不留施工缝

C. 正确留置施工缝　　D. 分层浇筑

E. 连续浇筑

【答案】ACDE

【解析】在混凝土浇筑时，要求做好防止离析、正确留置施工缝、分层浇筑、连续浇筑等。

22.［初级］受弯构件是指承受弯矩和剪力为主的构件。民用建筑中的（　　）、门窗过梁以及工业厂房中屋面大梁、吊车梁、连系梁均为受弯构件。

A. 楼盖　　B. 屋盖梁

C. 板　　D. 楼梯

E. 柱

【答案】ABCD

【解析】受弯构件是指承受弯矩和剪力为主的构件。民用建筑中的楼盖和屋盖梁、板以及楼梯、门窗过梁以及工业厂房中屋面大梁、吊车梁、连系梁均为受弯构件。

23.［初级］大体积钢筋混凝土结构浇筑方案有（　　）。

A. 全面分层　　B. 分段分层

C. 留施工缝　　D. 局部分层

E. 斜面分层

【答案】ABE

【解析】大体积钢筋混凝土结构浇筑方案有全面分层、分段分层、斜面分层等型式。

24.［初级］在混凝土养护过程中，水泥水化需要的条件是合适的（　　）。

A. 强度等级　　B. 场地

C. 湿度　　D. 压力

E. 温度

【答案】CE

【解析】在混凝土养护过程中，水泥水化需要的条件是合适的湿度和温度。

25.［初级］自然养护的方法有（　　）。

A. 洒水　　B. 喷洒过氯乙烯树脂塑料溶液

C. 涂隔离剂　　D. 用土回填

E. 涂刷沥青乳液

【答案】ABDE

【解析】自然养护的方法有洒水、喷洒过氯乙烯树脂塑料溶液、用土回填、涂刷沥青乳等。

四、案例题 [每小题包括判断2道、单选2道、多选1道]。

(一) 计算题

1. 某混凝土经试拌调整后，得配合比为1∶2.20∶4.40，$W/C=0.6$，已知 $\rho_c=3.10g/cm^3$，$\rho_s=2.60g/cm^3$，$\rho_g=2.65g/cm^3$。

(1) 判断2道

1) [高级] 混凝土强度不会超过C35。

【答案】正确

2) [中级] 混凝土经试拌调整后，水灰比还可进行调整。

【答案】错误

(2) 单选2道

3) [中级] $1m^3$混凝土水泥用量为(　　)。

A. 292.05　　B. 292.05　　C. 292.05　　D. 292.05

【答案】A

4) [高级] $1m^3$混凝土拌合水用量为(　　)。

A. 175　　B. 178　　C. 180　　D. 190

【答案】A

(3) 多选1道

5) [中级] 混凝土配合比的计算步骤为(　　)、确定胶凝材料、矿物掺合料和水泥用量、确定砂率、粗、细骨料用量。

A. 确定混凝土配制强度

B. 确定水胶比

C. 确定用水量和外加剂用量

D. 确定水灰比

E. 确定混凝土强度

【答案】ABC

2. 已知某混凝土板，设计强度等级为C20。采用原材料：42.5矿渣水泥，5～40mm的碎石，中砂，自来水。已知：砂率

为 $\beta_s = 35\%$；每立方米用水量为 $W=180$kg；水灰比为 0.6；混凝土表观密度为 2400kg/m^3。

施工时留试块一组，其强度代表值（单位 MPa）为 20.5，其强度代表值分别为 20.2、19.6、21.3、20.5、19.8、19.3、20.4、21.6、22.3、20.8。已知 $\lambda_1 = 1.7$，$\lambda_2 = 0.9$。

（1）判断 2 道

1）［高级］混凝土强度达不到 C20。

【答案】错误

2）［中级］同强度等级的矿渣水泥比普通硅酸盐水泥耐久性好。

【答案】错误

（2）单选 2 道

3）［中级］1m^{3}混凝土砂用量为（　　）。

A. 662　　B. 672　　C. 682　　D. 692

【答案】B

4）［高级］1m^{3}混凝土石子用量为（　　）。

A. 1125　　B. 1178　　C. 1220　　D. 1248

【答案】D

（3）多选 1 道

5）［中级］混凝土施工主控项目要求，混凝土的强度等级必须符合设计要求。用于检验混凝土强度的试件应在浇筑地点随机抽取。

检查数量：对同一配合比混凝土，取样与试件留置应符合下列规定：

（1）每拌制 100 盘且不超过 100m^3 时，取样不得少于（　　）次；

（2）每工作班拌制不足 100 盘时，取样不得少于（　　）次；

（3）连续浇筑超过 1000m^3 时，每（　　）m^3 取样不得少于一次；

（4）每一楼层取样不得少于一次；

（5）每次取样应至少留置一组试件。

检验方法：检查施工记录及混凝土强度试验报告。

A. 1　　B. 1　　C. 200　　D. 1000

E. 2000

【答案】ABC

3. 某工程采用 42.5 普通硅酸盐水泥及碎石配制混凝土，其试验室配合比为：水泥 336kg、水 165kg、砂 660kg、石子 1248kg。(标准差 $\sigma=5.0$MPa，强度系数 $A=0.46$，$B=0.07$)

施工时取立方体试件一组，试件尺寸为 100mm×100mm×100mm，标准养护 28d 所测得的抗压破坏荷载分别为 356kN、285kN、340kN，计算

（1）判断 2 道

1）［中级］该混凝土不能满足 C30 的需求。

【答案】错误

2）［中级］同等条件下，碎石配制的混凝土比卵石配制的混凝土强度高。

【答案】正确

（2）单选 2 道

3）［中级］该组试件标准立方体抗压强度值(精确到 0.1MPa)为：(　　)MPa。

A. 23.8　　B. 27.1　　C. 30　　D. 32.3

【答案】D

4）［高级］混凝土拌合物水灰比为(　　)。

A. 0.49　　B. 0.50　　C. 0.55　　D. 0.60

【答案】A

（3）多选 1 道

5)［高级］影响混凝土抗压强度的因素很多，包括(　　)等。

A. 原材料的质量　　B. 材料之间的比例关系

C. 施工方法　　D. 试验条件

E. 结构形式

【答案】ABCD

（二）实操题

1. 混凝土试块制作

（1）试件的取样、制备

1）[中级] 同一组混凝土拌合物的取样应从同一盘混凝土或同一车混凝土中取样。取样量应多于试验所需用量的（　　）倍；且宜不少于（　　）L。

A. 1.5，20　B. 2，10　C. 1.5，10　D. 2，20

【答案】A

2）[高级] 混凝土拌合物的取样应具有代表性，宜采用多次采样的方法。一般在同一盘混凝土或同一车混凝土中的约（　　）处之间分别取样，从第一次取样到最后一次取样不宜超过15min，然后人工搅拌均匀。

A. 1/4　　B. 1/2

C. 3/4　　D. 1/3

E. 1/5

【答案】ABC

3）[高级] 从取样完毕到开始做各项性能试验不宜超过（　　）min。

A. 5　B. 15　C. 30　D. 25

【答案】A

（2）试件的制作与养护

4）[中级] 混凝土抗压强度试验以3个试件为一组；试件的标准尺寸为边长为100mm的立方体试件。

【答案】错误

5）[中级] 制作试件用的试模由铸铁或钢制成，应具有足够的刚度并拆装方便。制作试块前应将试模清擦干净并在其内壁涂上一层矿物油脂或其他脱膜剂。

【答案】正确

2. 搅拌机的使用

(1)［高级］搅拌机使用时，机架应以枕木垫起支牢，进料口一端抬高(　　)cm，以适应上料时短时间内所造成的偏重。轮轴端部用油布包好，以防止灰土泥水侵蚀。

A. 1～3　　B. 3～5　　C. 5～8　　D. 8～10

【答案】B

(2)［高级］搅拌机使用前应按照"十字作业法"(清洁、润滑、调整、紧固、防腐)的要求检查离合器、制动器、钢丝绳等各个系统和部位，是否机件齐全、机构灵活、运转正常。检查电源电压，电压升降幅度不得超过搅拌电气设备规定的5%。随后进行空转检查，检查搅拌机旋转方向是否与机身箭头一致，空车运转是否达到要求值。供水系统的水压、水量满足要求。在确认以上情况正常后，搅拌筒内加清水搅拌(　　)min然后将水放出，再可投料搅拌。

A. 1　　B. 3　　C. 5　　D. 8

【答案】B

(3) 搅拌机完成检查工作后，即可进行开盘搅拌，为不改变混凝土设计配合比，补偿粘附在筒壁、叶片上的砂浆，第一盘应多加水泥、砂各(　　)%或减少石子约(　　)%。

A. 15　　B. 30

C. 40　　D. 50

E. 60

【答案】AB

(4)［中级］混凝土搅拌质量直接和搅拌时间有关，如混凝土坍落度为8cm，采用JZ750强制式搅拌，搅拌时间应不少于90s。

【答案】正确

(5)［中级］搅拌普通混凝土，如停电或机械故障，在停拌45min内将拌合物掏清。

【答案】正确

3. 插入式振捣器的使用

(1)［高级］振捣器使用前应检查电机的绝缘是否良好，电机定子绕组绝缘不小于(　　)mΩ。如绝缘电阻低于(　　)mΩ，应进行干燥处理。

A. 0.1，10～15　　B. 0.5，10～15

C. 0.1，15～20　　D. 0.5，20～30

【答案】B

(2)［高级］当软轴传动与电机结合紧固后，电机启动时如发现软轴不转动或转动速度不稳定，单向离合器中发出"嗒嗒"响的声音，则说明电机旋转方向反了，应立即切断电源，将(　　)。

A. 不能处理，送厂家维修

B. 二相进线交换位置

C. 三相进线中的三线交换位置

D. 三相进线中的任意两线交换位置

【答案】D

(3)［中级］电机运转正确时振捣棒应发出"呜、呜……"的叫声，振动稳定而有力。如果振捣棒有"哗、哗……"声而不振动，这是由于启动振捣棒后滚锥未接触滚道，滚锥不能产生公转而振动，这时只需轻轻将振捣棒向待振混凝土上敲动一下，使两者接触，即可正常振动。

【答案】错误

(4)［高级］振捣在平仓之后立即进行，此时混凝土流动性好，振捣容易，捣实质量好。振捣器的选用，对于素混凝土或钢筋稀疏的部位，宜用大直径的振捣棒；坍落度小的干硬性混凝土，宜选用高频和振幅较大的振捣器。振捣作业路线保持一致，并顺序依次进行，以防漏振。振捣棒尽可能垂直地插入混凝土中。如振捣棒较长或把手位置较高，垂直插入感到操作不便时，也可略带倾斜，但与水平面夹角不宜小于45°，且每次倾斜方向应保持一致，否则下部混凝土将会发生漏振。这时作用轴线应平行，如不平行也会出现漏振点。

【答案】正确

(5)［高级］振捣棒在每一孔位的振捣时间，以混凝土不再显著下沉，水分和气泡不再逸出并开始泛浆为准。振捣时间和(　　)等因素有关，一般为20～30s。振捣时间过长，不但降低工效，且使砂浆上浮过多，石子集中下部，混凝土产生离析，严重时，整个浇筑层呈“千层饼”状态。

A. 混凝土坍落度　　B. 石子类型

C. 石子最大粒径　　D. 振捣器的性能

E. 水灰比

【答案】ABCD

综合模拟试卷

三级混凝土工操作技能考核试卷

考件编号：______姓名：______准考证号：______单位：______

试题：用快速脱模法生产围栏基础

围栏桩基础图纸

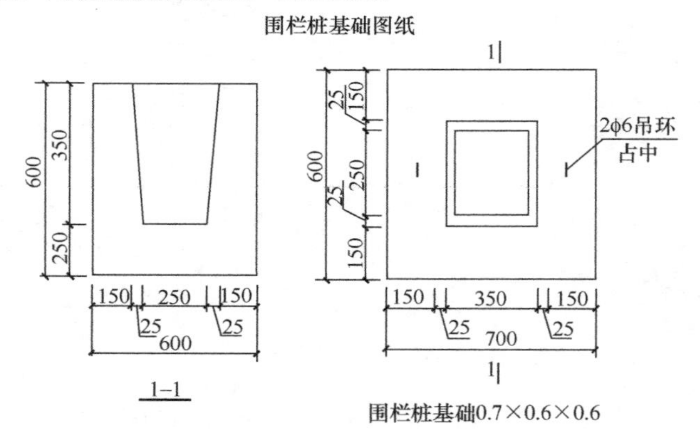

围栏桩基础0.7×0.6×0.6

1. 准备要求

(1) 材料准备

序号	名称	规格	数量	备注
1	混凝土	C20	0.3m^3	
2	隔离剂	废机油	1桶	
3	题签	A4	1张	

(2) 设备准备

序号	名称	规格	数量	备注
1	模具	700×600×600	1套	

（3）工、用、量具准备

序号	名称	规格	数量	备注
1	振动棒	φ50	1个	
2	铁抹子	270×100	1把	
3	木抹子	50×500	1把	
4	铁锹	平板	1把	
5	手锤	5磅	1把	
6	钢卷尺	3m	1把	

注：未穿戴劳保用品不得参加考试。

2. 操作考核规定及说明

（1）操作程序：

1）准备工作；

2）清理模具；

3）浇筑混凝土；

4）抹面；

5）修面。

（2）考试规定说明：

1）如操作违章，将停止考核；

2）考核采用百分制，考核项目得分按试题比重进行折算。

（3）考核方式说明：该项目为实际操作，考核按评分标准及操作过程进行评分。

（4）测量技能说明：该项目主要测量考生对用快速脱模法生产围栏基础操作技能掌握的熟练程度。

3. 考核时限

（1）准备时间：1min（不计入考核时间）。

（2）正式操作时间：25min。

（3）提前完成操作不加分，超时操作按规定标准评分。

三级混凝土工操作技能考核评分记录表

考件编号：______姓名：______准考证号：______单位：______

试题名称：用快速脱模法生产围栏基础

序号	考核内容	评分要素	配分	评分标准	扣分	得分	备注
1	准备工作	检查材料及工用量具	2	未检查不得分			
2	清理模具	清净灰渣和泥土	6	未清理不得分			
		隔离剂涂刷均匀	6	未涂刷或涂刷不均匀不得分			
3	浇筑混凝土	采用干硬性混凝土、坍落度1～3mm	6	选错不得分			
		混凝土分两层浇捣	6	未分两层浇捣不得分			
		振实下层后方可浇灌上层	6	未按要求操作不得分			
		振捣上层时，稍插入下层	6	未按要求操作不得分			
		上层混凝土入模应适当高出模板	6	操作错误不得分			
		振捣密实	6	振捣不密实不得分			
4	抹面	放2Φ6吊环，并找正	6	未达到要求不得分			
		上表面找齐抹平	6	未达到要求不得分			
		指挥吊车摆正	6	未摆正吊车不得分			
		摆正钢模	6	未摆正钢模不得分			
		垂直、匀速起吊	6	未按要求操作不得分			
		脱不出时，用小锤轻敲钢模	5	未按要求操作不得分			

续表

序号	考核内容	评分要素	配分	评分标准	扣分	得分	备注
5	修面	修面用砂浆与混凝土强度相同	5	未按要求操作不得分			
		修补小裂缝	5	未修补不得分			
		修面应抹平压光	5	未抹平压光不得分			
6	安全文明操作	按国家或企业颁发有关安全规定执行操作		每违反一项规定从总分中扣5分；严重违规取消考核			
7	考核时限	在规定时间内完成		每超时1min从总分中扣5分，超时3min停止操作考核			
合计			100				

考评员： 核分员： 年 月 日

三级混凝土工操作技能考核试卷

考件编号：______姓名：______准考证号：______单位：______

试题：浇捣设备基础的混凝土（带地脚螺栓）

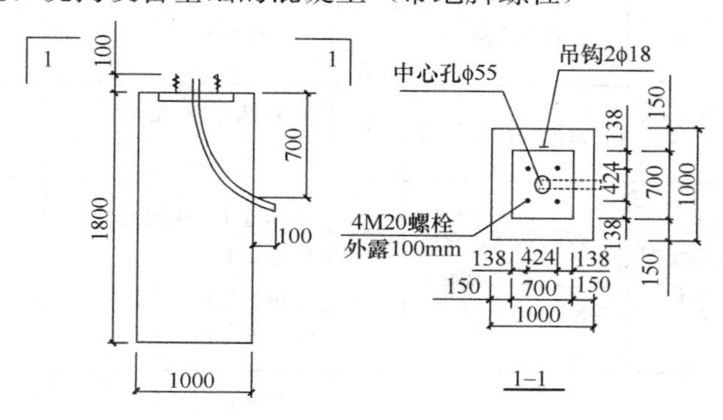

设备基础1.0×1.0×1.8

注：1. 钢筋保护层厚度为 30mm；

2. PVC 塑料管内径 40mm 外露 100mm；

3. 图中顶面中心钢板为 700mm × 700mm × 8mm，4M20 螺栓露出 100mm；

4. 混凝土强度等级为 C20，吊钩外露 100mm，靠紧埋件下。

1. 准备要求

(1) 材料准备

序号	名称	规格	数量	备注
1	C20 混凝土		满足使用	
2	φ16 螺栓		4 根	按图纸要求
3	黄油		满足使用	
4	塑料布		满足使用	
5	混凝土		满足使用	
6	题签	A4	1 张	

(2) 设备准备

序号	名称	规格	数量	备注
1	振捣器	φ50	1 个	插入式
2	串筒或溜槽	L=1500	1 个	

（3）工、用、量具准备

序号	名称	规格	数量	备注
1	铁锹	平板	1把	
2	铁抹子	270×100	1把	
3	木抹子	50×500	1把	
4	卷尺	3m	1把	
5	方尺	25×500	1把	

注：未穿戴劳保用品不得参加考试。

2. 操作考核规定及说明

（1）操作程序：

1）准备工作；

2）螺栓处理；

3）安装螺栓；

4）浇灌混凝土振捣混凝土；

5）抹面。

（2）考核规定说明：

1）如操作违章，将停止考核；

2）考核采用百分制，考核项目得分按试题比重进行折算。

（3）考核方式说明：该项目为模拟操作，考核按评分标准及操作过程进行评分。

（4）测量技能说明：该项目主要测量考生对浇捣设备基础的混凝土操作技能掌握的熟练程度。

3. 考核时限

（1）准备时间：1min（不计入考核时间）。

（2）正式操作时间：30min。

（3）提前完成操作不加分，超时操作按规定标准评分。

4. 评分记录表

三级混凝土工操作技能考核评分记录表

现场号______工位号______性别______

考核试题：浇捣设备基础的混凝土（带地脚螺栓）

考核时间：30min

序号	考核内容	评分要素	配分	评分标准	检测结果	扣分	得分	备注
1	准备工作	检查材料及工用量具	2	未检查不得分				
2	螺栓处理	外露部分和丝扣抹黄油	6	漏抹一个扣2分				
		用塑料包好	8	未包不得分；漏包一个扣2分				
3	安装螺栓	对螺栓进行固定	8	未固定不得分				
		检查模具尺寸、螺栓位置、间距	6	未检查或检查错误扣2分				
4	浇灌混凝土振捣混凝土	分层浇灌，每层500mm	8	未分层不得分；分层未达要求扣4分				
		分层振捣，振捣上层时稍插入下层	8	未分层振捣不得分；稍未插入下层扣4分				
		各层之间应连续浇灌	6	未连续浇灌不得分				
		超过2m时，应用串筒、溜槽	6	未用串筒、溜槽各扣2分				
		振捣棒不得碰撞螺栓	6	未按要求操作不得分				
		控制混凝土均匀上升	6	未按要求操作不得分				
		振捣无漏点、密实	6	有漏点、不密实各扣2分				

续表

序号	考核内容	评分要素	配分	评分标准	检测结果	扣分	得分	备注
5	抹面	螺栓标高	8	标高错误不得分				
		丝扣完整	8	丝扣不完整不得分				
		表面抹平、压光	8	表面未抹平、未压光均不得分				
6	安全文明操作	按国家或企业颁发有关安全规定执行操作		每违反一项规定从总分中扣5分；严重违规取消考核				
7	考核时限	在规定时间内完成		每超时1min从总分中扣5分，超时3min停止操作考核				
合计			100					

考评员：　　　　　　　　核分员：　　　　　　　　年　　月　　日

参 考 文 献

[1] 张天俊、王华阳．建筑识图与房屋构造[M]．武汉：武汉大学出版社，2017.

[2] 王中发、刘宏敏．建筑结构基础[M]．北京：北京大学出版社，2012.

[3] 《建筑施工手册》(第五版)编写编委会．建筑施工手册(第五版)[M]．北京：中国建筑工业出版社，2012.

[4] 钟汉华．坝工混凝土工[M]．郑州：黄河水利出版社，1995.

[5] 钟汉华．土木工程施工技术(第2版)[M]．北京：中国水利水电出版社，2015.

[6] 钟汉华．混凝土工程施工[M]．北京：中国环境出版社，2017.